Nordrhein-Westfälische Akademie der Wissenschaften

Natur-, Ingenieur- und Wirtschaftswissenschaften   Vorträge · N 416

Herausgegeben von der
Nordrhein-Westfälischen Akademie der Wissenschaften

DIETER RICHTER

Viskoelastizität und mikroskopische Bewegung
in dichten Polymersystemen

Westdeutscher Verlag

399. Sitzung am 2. Februar 1994 in Düsseldorf

Die Deutsche Bibliothek – CIP-Einheitsaufnahme

Richter, Dieter:
Viskoelastizität und mikroskopische Bewegung in dichten Polymersystemen / Dieter Richter. – Opladen: Westdt. Verl., 1995
  (Vorträge / Nordrhein-Westfälische Akademie der Wissenschaften: Natur-, Ingenieur- und Wirtschaftswissenschaften; N 416)

NE: Nordrhein-Westfälische Akademie der Wissenschaften (Düsseldorf): Vorträge / Natur-, Ingenieur- und Wirtschaftswissenschaften

---

Der Westdeutsche Verlag ist ein Unternehmen der Bertelsmann Fachinformation.

© 1995 by Westdeutscher Verlag GmbH Opladen
Herstellung: Westdeutscher Verlag
ISBN-13: 978-3-531-08416-9   e-ISBN-13: 978-3-322-86394-2
DOI: 10.1007/978-3-322-86394-2

Inhalt

Dieter Richter, Jülich
Viskoelastizität und mikroskopische Bewegung in dichten
Polymersystemen
1. Einleitung	7
2. Die Neutronenstreumethode	8
2.1 Die Neutronenspinechomethode	10
2.1.1 Neutronenspinmanipulationen mit magnetischen Feldern	10
2.1.2 Das Prinzip des Spinecho	12
3. Entropische Kräfte – das Rousemodell	15
3.1 Neutronenspinecho-Resultate an PDMS-Schmelzen	16
3.2 Übergang zu verhakungsbestimmtem Verhalten	20
4. Lange Ketten – Reptation	29
5. Skalenmodelle zum Ursprung der Verhakungen	34
6. Resümee	40
Referenzen	42

Diskussionsbeiträge
   Professor Dr. rer. nat., Dr. h. c. mult. *Ewald Wicke*; Professor Dr. rer. nat.
   Dieter Richter; Professor Dr. rer. nat. *Theodor Schmidt-Kaler*; Professor
   Dr. phil. *Lothar Jaenicke*; Professor Dr.-Ing. *Erhard Hornbogen*; Professor
   Dr. rer. nat. *Hartwig Höcker* 43

1. Einleitung

Langkettige lineare Polymere in der Schmelze oder in konzentrierter Lösung zeigen eine Reihe anomaler viskoelastischer Eigenschaften. Besonders spektakulär ist das Auftreten eines Plateaus in der Zeitabhängigkeit des dynamischen Moduls, das sich mit wachsender Kettenlänge immer mehr ausweitet [1]. In diesem Plateaubereich ist die Spannung proportional zur Dehnung – es gilt das Hookesche Gesetz: Die Polymerschmelze, obwohl eine Flüssigkeit, verhält sich elastisch. Dieses Verhalten erinnert an die Gummielastizität von miteinander chemisch vernetzten Polymeren. Der dort auftretende Modul fällt allerdings nicht bei langen Zeiten auf Null ab – es gibt keinen Fließbereich. Der Betrag des Moduls der Gummielastizität ist proportional zur Temperatur und umgekehrt proportional zur Maschenweite des Netzwerks. Die Proportionalität zur Temperatur wird durch entropische Kräfte bewirkt, die als eine Konsequenz der Konformationsentropie der geknäuelten Ketten zwischen den Netzpunkten entstehen. Diese Konformationsentropie ergibt sich aus der Anzahl der möglichen Anordnungen von Kettensequenzen im Raum. Nach dem zentralen Grenzwertsatz ist die wahrscheinlichste Anordnung diejenige eines Gaußschen Knäuels, d. h., die Polymerkette führt einen Zufallsweg im Raum aus. Werden nun Kettenstücke gestreckt, so wirkt eine entropische Kraft, die sich aus der Ableitung der freien Energie ergibt, die diese gestreckten Segmente wieder in den wahrscheinlicheren geknäuelten Zustand zurückzuführen strebt.

Ausgehend von dieser Analogie zur Gummielastizität liegt es nahe anzunehmen, daß die Ursache des elastischen Verhaltens von Polymerschmelzen durch netzwerkartige Verschlingungen der Polymerketten untereinander bewirkt wird. Damit wird die Schmelze zu einem temporären Netzwerk. Die Rolle der Netzpunkte wird durch Verhakungen übernommen. Der Plateaumodul wird dem gummielastischen Modul dieses temporären Netzwerks zugeschrieben. Mit dieser Annahme kann aus dem Wert des Plateaumoduls der mittlere Abstand zwischen den hypothetischen Verhakungspunkten in der Schmelze abgeschätzt werden. Die sich daraus ergebenden Verhakungsabstände d liegen typischerweise in der Größenordnung zwischen 40 bis 100 Å. Verglichen mit den beiden charakteristischen Längenskalen eines Polymers, der Monomerlänge $l \sim 5$ Å und dem Knäuel End-zu-Endabstand $R_E \sim 1000$ Å definiert der Verhakungsabstand eine intermediäre Längenskala, die dynamischen Charakter hat.

Mit den verschiedenen Längenskalen sind verschiedene Zeitskalen mit unterschiedlichen Bewegungstypen verknüpft. Für kurze Zeiten, die räumlichen Abständen kleiner als dem Verhakungsabstand entsprechen, erwarten wir eine entropiebestimmte Dynamik, die im sogenannten Rousemodell beschrieben wird [2]. Wird die räumliche Ausdehnung der Bewegung größer und erreicht Dimensionen des Verhakungsabstandes, so wird die Bewegungsfreiheit der Kette stark eingeschränkt: Das temporäre Netzwerk führt zu einer Lokalisation der Kette, die sich nur entlang ihres eigenen Profils durch das laterale Bewegungen einschränkende Netzwerk schlangenartig bewegen kann. Für sehr lange Zeiten läßt die Kette ihre ursprünglichen topologischen Einschränkungen zurück – bei diesen Zeiten relaxiert der Plateaumodul [3]. Diese Vorstellung ist der anschauliche Inhalt des Reptationsmodells von de Gennes. Die für die Viskoelastizität wichtigen Längen- und Zeitskalen beginnen bei der Bindungslänge in der Gegend von 1,5 Å und erstrecken sich bis zur Kettendimension in der Gegend von 1000 Å. Die zugehörigen Zeiten beginnen im Pikosekundenbereich und können makroskopische Dimension erreichen.

Das Ziel der Arbeiten, die ich hier vorstelle, war eine raum-zeitliche Analyse der oben angesprochenen Bewegungsvorgänge [4–6]. Nach einer kurzen Einführung in das Neutronenspinechoverfahren werden wir uns mit vier Themen befassen. Zunächst wird es um die entropisch bestimmten Relaxationsprozesse, das Rousemodell, gehen. Danach wollen wir untersuchen, auf welche Art und Weise sich topologische Einschränkungen bemerkbar machen, wenn wir die Kettenlänge vergrößern. Danach soll der Frage nachgegangen werden, ob der postulierte Verhakungsabstand molekular zu identifizieren ist, und schließlich werden einige Experimente zum Ursprung der Verhakungen vorgestellt.

2. Die Neutronenstreumethode [7]

Wenn es darum geht, räumliche Strukturen auf atomarer und molekularer Skala zu erforschen, spielen Streumethoden eine herausragende Rolle. Die zwei wichtigsten Sonden sind dabei Photonen im Röntgenbereich und Neutronen. Während Photonen mit geeigneter Wellenlänge Energien in der Größenordnung von keV besitzen, sind Neutronen mit de Broglie-Wellenlängen im Å-Bereich mit thermischen oder subthermischen Energien ausgestattet. Damit ermöglicht die Sonde Neutron eine gleichzeitige räumliche und zeitliche Analyse der thermischen Bewegungsprozesse in kondensierter Materie. Während das Röntgenphoton Auskunft darüber erteilt, wo sich Moleküle befinden, informiert das Neutron darüber, wo sich ein Atom befindet und wohin und wie schnell es sich bewegt. Neutronen werden anders als Photonen am Atomkern gestreut. Damit

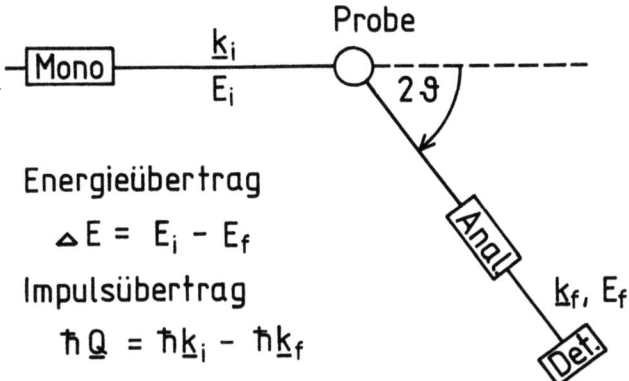

Abb. 1: Schematische Darstellung eines Neutronenstreuexperiments.

ergibt sich die Möglichkeit, durch Isotopenaustausch gezielt atomar zu markieren. Insbesondere sind die Streueigenschaften von Protonen und Deuteronen, beschrieben durch ihre Streulängen ($b_H = -0,34$ f, $b_D = 0,66$ f), besonders unterschiedlich. Organische Moleküle können deshalb, durch Deuterierung markiert, besonders einfach unter ihresgleichen studiert werden – z. B. wurde die Knäuelkonformation des Polymers in der Schmelze und im amorphen Zustand erst auf diese Art und Weise experimentell bewiesen.

Abb. 1 zeigt schematisch den Aufbau eines Neutronenstreuexperiments. Mit Hilfe eines Monochromators werden aus dem Neutronenspektrum einer Neutronenquelle Neutronen mit einer definierten Energie E_i und einem Wellenvektor $\underline{k}_i$ ausgewählt. Diese Neutronen werden an einer Probe gestreut und unter dem Streuwinkel 2Θ analysiert. Der Analysator wählt dabei Neutronen mit einem Wellenvektor $\underline{k}_f$ und einer Endenergie E_f aus. Diese Neutronen werden in einem Detektor nachgewiesen. Impulsübertrag $\hbar Q = \hbar(\underline{k}_i - \underline{k}_f)$ und Energieübertrag $\Delta E = E_i - E_f$ korrespondieren dabei zu Abständen $Q \propto 1/r$ und Zeiten $t \cong \hbar/\Delta E$.

Ein Neutronenstreuexperiment mißt in der Regel die raum-zeitliche Fouriertransformierte der Paarkorrelationsfunktion $S(Q,\omega)$ oder in spezifischen Fällen die nur räumlich Fouriertransformierte $S(Q,t)$ ($\hbar\omega = \Delta E$). Klassisch bedeutet die Paarkorrelationsfunktion die bedingte Wahrscheinlichkeit, ein Atom j am Ort r zur Zeit t zu finden, wenn ein anderes Atom i zur Zeit $t=0$ am Ort $r=0$ war. Für $i=j$ kommt man zur Selbstkorrelationsfunktion, die das zeitabhängige thermisch gemittelte Auslenkungsquadrat $<(r_i(0) - r_i(t))^2>$ mißt. Für die zeitabhängige Streufunktion ergibt sich in sogenannter Gaußscher Näherung

$$S(Q,t) = \frac{1}{N}\sum_{ij}^{N} \exp(-\frac{Q^2}{6} <(\underline{r}_i(0) - \underline{r}_j(t))^2>). \qquad (1)$$

Im Falle eines markierten Polymers bezeichnen r_i und r_j die räumlichen Monomerkoordinaten und N die Anzahl der Monomere in einer Kette. Die Summe erstreckt sich über alle Monomere in einer Kette.

2.1 Die Neutronenspinechomethode [8]

Die einzigartige Eigenschaft des Neutronenspinechoverfahrens (NSE) ist seine Fähigkeit, Energieänderungen des Neutrons bei der Streuung direkt zu messen. Dies unterscheidet NSE von konventionellen Streuverfahren, die, wie oben erklärt, in zwei Stufen ablaufen: zunächst die Monochromatisierung des einfallenden Strahls und dann die Analyse des gestreuten Strahls. Energie- und Impulsänderungen bei der Streuung werden durch entsprechende Differenzbildungen von zwei Messungen bestimmt. Um hohe Energieauflösungen mit diesen konventionellen Methoden zu erreichen, muß aus dem relativ intensitätsschwachen Neutronenspektrum der Quelle ein sehr schmales Energieintervall ausgewählt werden. Konventionelle Hochauflösungsverfahren haben deshalb immer mit niedriger Intensität zu kämpfen.

Anders als diese konventionellen Verfahren mißt NSE die Neutronengeschwindigkeiten der einfallenden und gestreuten Neutronen mit Hilfe der Larmorpräzession des Neutronenspins in einem externen Magnetfeld. Dabei wirkt der Neutronenspinvektor wie der Zeiger einer inneren Uhr, die mit jedem Neutron verknüpft ist, und der das Resultat der Geschwindigkeitsmessung am Neutron selbst speichert. Die Geschwindigkeitsmessung wird also für jedes Neutron individuell durchgeführt. Deshalb können die Geschwindigkeiten vor und nach der Streuung an ein und demselben Neutron direkt miteinander verglichen werden, und eine Messung der Geschwindigkeitsdifferenz bei der Streuung wird möglich. Damit wird die Energieauflösung von der Monochromatisierung des einfallenden Strahls entkoppelt. Energieauflösungen in der Größenordnung von 10^{-5} können mit einem einfallenden Neutronenspektrum von 20% Bandbreite erreicht werden.

2.1.1 Neutronenspinmanipulationen mit magnetischen Feldern

Die Bewegung der Neutronenpolarisation – sie ist der quantenmechanische Erwartungswert des Neutronenspins – wird durch die Blochgleichung beschrieben.

$$\frac{d}{dt}\underline{P} = \frac{2|\gamma|\mu}{\hbar}[\underline{H} \times \underline{P}]. \tag{2}$$

Dabei sind γ das gyromagnetische Verhältnis ($\gamma = -1,91$), μ das nukleare Magneton und H das magnetische Feld. Gl. (2) ist die Basis für die Manipulation der Neu-

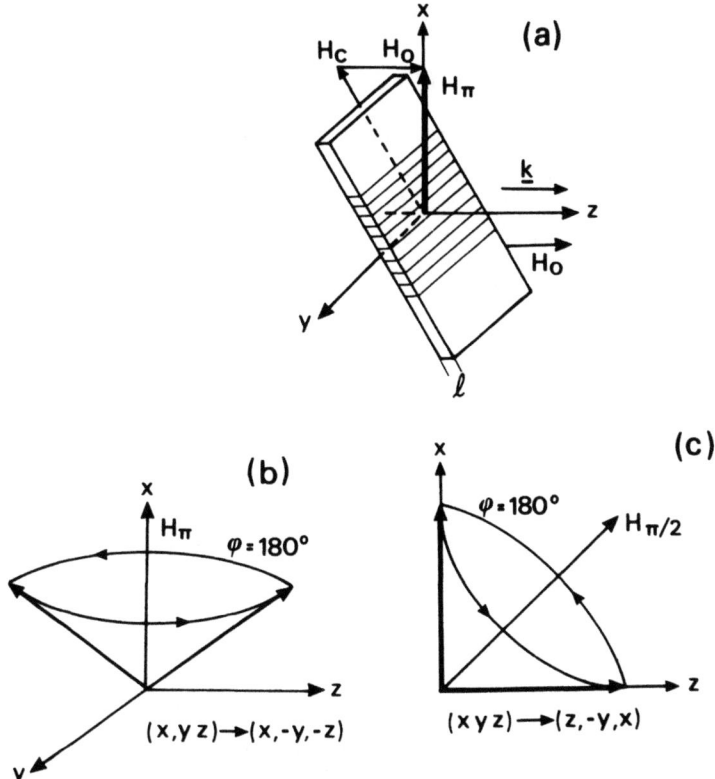

Abb. 2: Spindrehoperationen im Neutronenspinechoverfahren; a) Anordnung einer Mezei-Spule für eine Drehung des Neutronenspins um den Winkel π; b) Bewegung der Neutronenpolarisation bei der π-Drehoperation; c) Bewegung der Neutronenpolarisation bei einer π/2-Drehung.

tronenpolarisation durch externe Felder. Wir wollen zwei einfache Spindrehoperationen diskutieren. Wir betrachten einen Neutronenstrahl, der mit einer Polarisation parallel zur Ausbreitungsrichtung in z-Richtung propagiert. Ein magnetisches Führungsfeld parallel zu z stabilisiert die Polarisation. Zunächst wollen wir die sogenannte π-Spule, die zwei Komponenten des Neutronenspins umdreht, erklären. Ihr Prinzip ist in den Abbildungen 2a und b dargestellt. Eine flache, lange, rechteckige Spule, eine sogenannte Mezeispule, wird leicht gegenüber der x,y-Ebene gekippt. Ein Feld H_C wird so erzeugt, daß das resultierende Feld $H_\pi = H_0 + H_C$ in die x-Richtung zeigt. Ein Neutronenspin, der in dieses Feld eintritt, beginnt um die x-Achse zu rotieren. Während einer Zeit $t = d/v$, wobei d die Spulendicke und v die Neutronengeschwindigkeit ist, wird ein Phasenwinkel

$\Phi = \omega_L t$ durchlaufen. Mit der Larmorfrequenz $\omega_L = 2\gamma(\mu/\hbar)H_\pi$ und $v = h/(\lambda m)$ finden wir

$$\Phi = (2|\gamma|\mu m/h^2\pi)dH_\pi. \tag{3}$$

Dabei ist m die Neutronenmasse und λ die Neutronenwellenlänge. Φ ist also durch das Wegintegral $\int H ds$ gegeben und ist proportional zur Wellenlänge. Nehmen wir z. B. eine Spulendicke von $d = 1$ cm und eine Neutronenwellenlänge von $\lambda = 8$ Å, so wird ein Feld H_π von 8,5 Oe gebraucht, um den Neutronenspin um 180° zu drehen. Solch eine Spindrehoperation ist schematisch in Abb. 1b gezeigt. Offensichtlich werden die Komponenten der Polarisation x,y,z in $x,-y,-z$ überführt.

Die zweite wichtige Spindrehoperation ist die 90°-Drehung. Dabei wird die Polarisation von der z- in die x-Richtung oder umgedreht transformiert. Eine Mezeispule in der x,y-Ebene wird dabei so eingestellt, daß das resultierende Feld gerade in die Richtung der Winkelhalbierenden des Winkels zwischen x und z zeigt. Eine 180°-Drehung um diese Achse transformiert die z-Komponente der Polarisation in die x-Richtung. Gleichzeitig wird das Vorzeichen der y-Komponente invertiert (Abb. 2c).

2.1.2 Das Prinzip des Spinecho

Den grundsätzlichen experimentellen Aufbau eines Neutronenspinechospektrometers zeigt die Abb. 3. Ein Geschwindigkeitsselektor im primären Neutronenstrahl selektiert ein Wellenlängenintervall von ungefähr 20% Breite. Das Spektrometer bietet einen primären und sekundären Neutronenflugweg, der durch die Präzessionsfelder H und H' führt. Vor dem Beginn des ersten Flugweges wird mit Hilfe eines Superspiegelpolarisators der Neutronenstrahl in Vorwärtsrichtung

Abb. 3: Schematische Darstellung eines Neutronenspinechospektrometers.

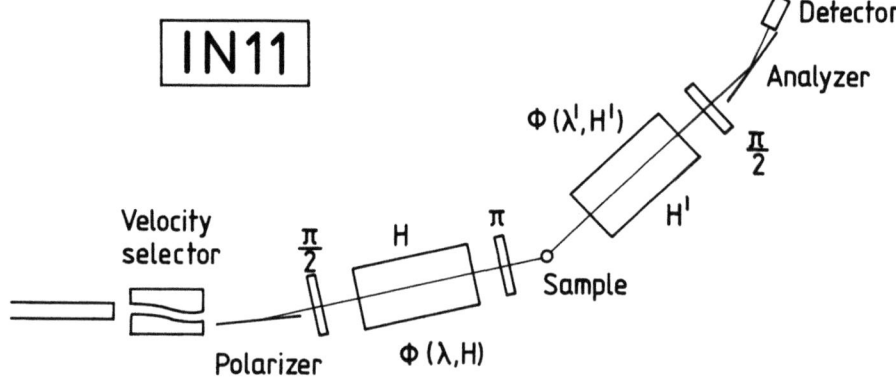

polarisiert. Eine erste π/2-Spule dreht die Polarisation in die x-Richtung senkrecht zur Ausbreitungsrichtung. Beginnend mit dieser wohldefinierten Anfangsbedingung präzedieren die Neutronen in den Präzessionsfeldern. Ohne die Wirkung der π-Spule würde jedes Neutron einen Phasenwinkel $\Phi \propto \lambda \int H ds$ absolvieren. Da die Wellenlängen der Neutronen über einen weiten Bereich verteilt sind, wäre vor der zweiten π/2-Spule der Phasenwinkel für jedes Neutron verschieden und der Strahl wäre vollständig depolarisiert. Die π-Spule, die genau beim Wert des halben Feldintegrals positioniert wird, verhindert diesen Effekt: Auf seinem Weg zur π-Spule möge ein Neutronspin den Phasenwinkel $\Phi_1 = 2\pi n + \Delta\Phi_1$ durchlaufen. Die Wirkung der π-Spule transformiert den Winkel $\Delta\Phi_1$ nach $-\Delta\Phi_1$. In einem symmetrischen Aufbau (beide Feldintegrale vor und nach der π-Spule sind identisch) durchläuft der Neutronenspin einen zweiten Phasenwinkel $\Phi_2 = \Phi_1 = 2n\pi + \Delta\Phi_1$. Die Spintransformation an der π-Spule kompensiert also gerade die Winkel $\Delta\Phi_1$, und vor der zweiten π/2-Spule zeigt der Neutronenspin wieder in die x-Richtung unabhängig von der Geschwindigkeit. Diesen Effekt nennt man Spinfokussierung oder auch Spinecho.

Die zweite π/2-Spule projiziert die x-Komponente der Polarisation wiederum in die z-Richtung. Sie wird dann mit einem darauf folgenden Superspiegelanalysator und -detektor bestimmt. In einem Spinechoexperiment wird die Probe nahe der π-Spule positioniert. Mit der Ausnahme von Verlusten durch Feldinhomogenitäten wird im Fall elastischer Streuung die Polarisation erhalten. Wenn aber die Neutronenenergie aufgrund von inelastischen Streuvorgängen in der Probe geändert wird, dann modifiziert sich die Neutronenwellenlänge von λ nach $\lambda' = \lambda + \delta\lambda$. In diesem Fall kompensieren sich die Phasenwinkel Φ_1 und Φ_2 nicht mehr. Die zweite π/2-Spule projiziert jetzt nur die x-Komponente der in eine allgemeine Richtung zeigenden Polarisation in die z-Richtung. Dieser Teil der Polarisation wird anschließend mit dem Analysator nachgewiesen. Abgesehen von Auflösungskorrekturen ergibt sich dann die Endpolarisation P_f aus der Anfangspolarisation P_i:

$$P_f = P_i \int_{-\infty}^{+\infty} d\omega S(Q,\omega) \cos\omega t. \tag{4}$$

Die Polarisation P_f ist offensichtlich proportional zur Fouriertransformierten der Streufunktion $S(Q,\omega)$. Aus der Transformation von $\delta\lambda$ nach ω ergibt sich der Zusammenhang zwischen Fourierzeit, Wellenlänge und Magnetfeld zu $t \propto \lambda^3 H$. NSE ist eine Fouriermethode, die den Realteil der intermedialen Streufunktion $S(Q,t)$ mißt. Die Zeitvariation in einem Spinechoexperiment wird durch Änderung des Magnetfeldes bewirkt. Abb. 4 zeigt eine technische Realisierung des Spinechospektrometers am Jülicher Forschungsreaktor FRJ-2. Besonders stark fallen die Lamorpräzisionsspulen vor und nach der Probe ins Auge. Desweiteren kann man einige der Spulen, die die Spindrehoperationen bewirken, erkennen.

Abb. 4: Das Neutronenspinechospektrometer im Ella-Labor am Forschungsreaktor FRJ-II der KFA Jülich. Deutlich sind die zwei großen die Präzisionsfelder erzeugenden Spulen zu erkennen. Die kleineren Helmholtzspulen werden für die Spindrehoperationen genutzt.

3. Entropische Kräfte – das Rousemodell [2]

Wir nehmen zunächst an, daß sich die Ketten in ihrer Bewegung gegenseitig nicht behindern, und betrachten als ein einfachstes Modell für die Kettenrelaxation eine Gaußsche Kette in einem Wärmebad. Die Bausteine einer solchen Gaußschen Kette sind die sogenannten Kuhnsegmente, die aus einigen Monomeren bestehen, so daß ihr End-zu-Endabstand einer Gaußverteilung folgt. Ihre Konformationen werden durch Vektoren $\underline{a}_n$ entlang der Kette beschrieben. Die Kette wird dann durch eine Aufeinanderfolge von frei verbundenen Segmenten der Länge l beschrieben. Wir interessieren uns für die Bewegung dieser Segmente auf einer Längenskala $l < r < R_E$. Diese Bewegung wird durch eine Langevin-Gleichung beschrieben.

$$\zeta_0 \dot{\underline{a}}_n + \nabla_n \cdot F\{\underline{a}_i\} = f_n(t). \tag{5}$$

Dabei ist ζ_0 der Reibungskoeffizient, f_n die stochastische Kraft auf das Segment $\underline{a}_n$ und F die freie Energie. Für die Segmentbewegung ist die Kraft $\nabla_n F\{\underline{a}_i\}$ durch den entropischen Teil der freien Energie dominiert ($S = k \ln W\{\underline{a}_i\}$). Dabei ist

$$W = \Pi_{i=1}^{N} \exp(-\frac{3a_i^2}{2l^2}) \tag{6}$$

die Wahrscheinlichkeit einer Kettenkonformation $\{\underline{a}_i\}$. Wir stellen fest, daß die resultierende entropische Kraft eine spezielle Eigenschaft von makromolekularen Systemen mit einer großen Anzahl innerer Freiheitsgrade ist. Diese Konformationsentropie erzeugt die Kraft, die die wahrscheinlichste Konformation stabilisiert. Wie bereits am Anfang ausgeführt, ist sie auch die Grundlage der Gummielastizität.

Die Rouse-Bewegungsgleichung (5) besitzt ein Spektrum von Normalmoden als Lösung. Diese Lösungen sind ähnlich den transversalen Schwingungsmoden einer linearen Kette mit dem Unterschied, daß es sich hier um Relaxationsbewegungen und nicht um periodische Schwingungen handelt. Für die Relaxationsraten erhalten wir

$$\frac{1}{\tau_p} = \frac{3\pi^2 k_B T}{\zeta_0 N^2 l^2} p^2. \tag{7}$$

Dabei gibt N die Kettenlänge an, k_B ist die Boltzmannkonstante und T die Temperatur. Der Modeindex p zählt die Anzahl der Knoten entlang der Kette. Offensichtlich ist die Relaxationsrate proportional zur Anzahl der Knoten zum Quadrat. Auf der Basis dieser Normalmoden können wir den dynamischen Strukturfaktor $S(Q,t)$ berechnen. Dies soll im nächsten Kapitel geschehen. Hier soll kurz auf eine asymptotische Lösung für lange Ketten eingegangen werden, die de Gennes formuliert hat [9]. Er findet für die charakteristische Relaxationsrate Ω

$$\Omega = \frac{1}{12} \frac{k_B T}{\zeta_0} l^2 Q^4 . \quad (8)$$

Anders als bei der Diffusion, wo die charakteristische Relaxationsrate proportional zum Impulsübertrag Q^2 ist, wird hier die vierte Potenz gefunden. Eine andere charakteristische Größe für diffusive Bewegungen ist die mittlere quadratische Auslenkung eines Segments. Für die Rousebewegung gilt

$$\langle (\underline{r}(0) - \underline{r}(t))^2 \rangle \sim t^{1/2}, \quad (9)$$

wiederum im deutlichen Gegensatz zur normalen Diffusion, die einem linearen Zeitgesetz folgt. Die Rousegleichung (5) gilt für einen Längenbereich, der größer ist als die Segmentlänge und nach oben durch die Kettendimension begrenzt wird. In diesem Bereich tritt keine weitere Längenskala auf. Deswegen nimmt der dynamische Strukturfaktor eine Skalenform ein, die Längen- und Zeitskalen verknüpft.

$$S(Q,t) = f(Q^2 l^2 \sqrt{Wt}) \quad (10)$$

(Rouserate $W = 3 k_B T / (\zeta_0 / l^2)$)

3.1 Neutronenspinecho-Resultate an PDMS-Schmelzen

Um die Rousedynamik zu studieren, bedarf es eines Polymers mit niedrigem Plateaumodul, d. h. wenig Verhakungen und hoher Flexibilität und Beweglichkeit. Polydimethylsiloxan (PDMS) erfüllt diese Bedingungen. Neutronenspinechoexperimente wurden sowohl zur Selbstkorrelationsfunktion als auch zur Paarkorrelationsfunktion an PDMS-Schmelzen durchgeführt.

Messungen der Selbstkorrelationsfunktion mit Neutronen werden normalerweise an protonierten Materialien durchgeführt, da dort als Folge der stark spinabhängigen Streulängen des Wasserstoffs die inkohärente Streuung besonders stark ist. Aufgrund der Spinflipstreuung, die zu einem Verlust der Polarisation führt, ist dieser Weg der NSE-Methode versagt. Um dieses Hindernis zu umgehen, bedienten wir uns eines chemischen Tricks. Wir synthetisierten hochmolekulares deuteriertes PDMS, das an zufälligen Positionen kurze protonierte Markierungen enthielt. Jede dieser protonierten Sequenzen enthielt acht Monomere. In einer solchen Probe stammt die Streuung im wesentlichen vom Kontrast zwischen der protonierten Sequenz und der deuterierten Umgebung und ist daher kohärent.

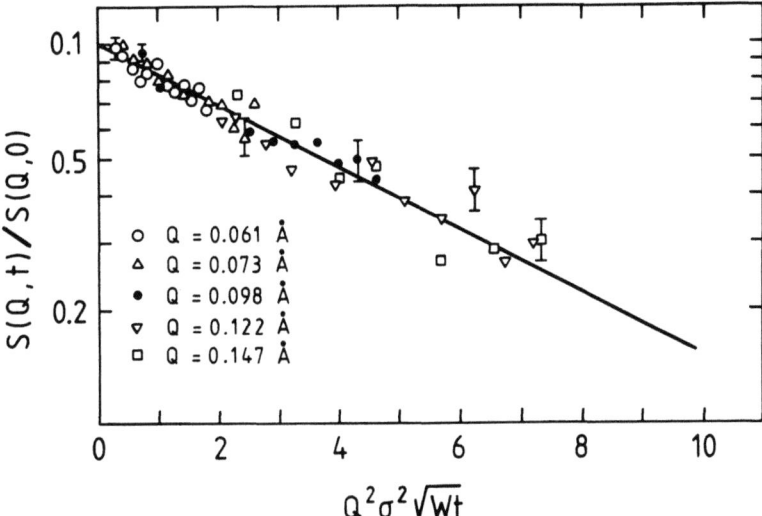

Abb. 5: NSE-Spektren für die Selbstkorrelationsfunktion, gemessen an einer zufällig markierten PDMS-Schmelze bei 100 °C. Die Daten sind mit der Rousevariablen skaliert ($\sigma^2 \equiv l^2$). Die durchgezogene Linie ist das Ergebnis eines Fits mit der Rouse-Selbstkorrelationsfunktion.

Andererseits sind die Sequenzen zufällig verteilt; deshalb kommt es zu keiner konstruktiven Interferenz von Partialwellen, die an verschiedenen Sequenzen entstehen. Das Streuexperiment mißt unter diesen Bedingungen die Selbstkorrelationsfunktion [10].

In Abb. 5 sind die Streudaten gegen die Skalavariable des Rousemodells (10) aufgetragen. Die Resultate für verschiedene Impulsüberträge folgen einer gemeinsamen Geraden. Für den Fall der Selbstkorrelationsfunktion mißt die Streufunktion direkt die mittlere quadratische Auslenkung, die nach Gl. (9) einem Wurzelgesetz in der Zeit folgt. Dieses Verhalten kann unmittelbar in Abb. 5 abgelesen werden.

Die Paarkorrelationsfunktion der Segmentdynamik einer Kette wird beobachtet, wenn einige protonierte Ketten in einer deuterierten Matrix gelöst werden. Das Streuexperiment beobachtet dann das Resultat der von einer Kette ausgehenden interferierenden Partialwellen (1). Abb. 6 präsentiert den dynamischen Strukturfaktor einer deuterierten Schmelze mit 5% protonierten Ketten. Die durchgezogenen Linien repräsentieren einen Fit mit Gl. (10) [10]. Offensichtlich beschreibt der von de Gennes berechnete Strukturfaktor die Neutronendaten zufriedenstellend (einziger Fitparameter $Wl^4 = 3k_B T l^2/\zeta_0$). Abb. 7 präsentiert die beobachtete Abhängigkeit der charakteristischen Relaxationsrate Ω als Funktion des Impulsübertrages Q. Die Daten stehen in sehr gute Übereinstimmung mit

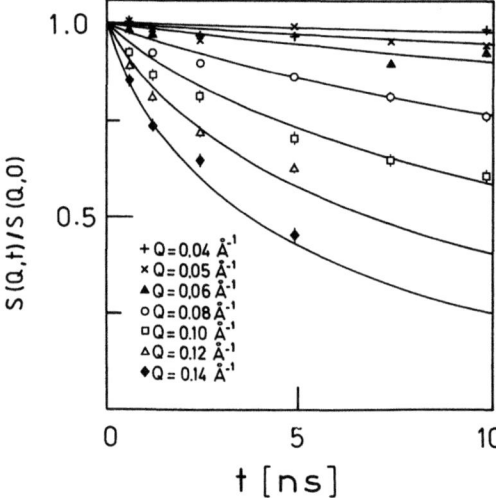

Abb. 6: NSE-Spektren für die Paarkorrelationsfunktion an PDMS-Schmelzen bei 200 °C. Die durchgezogenen Linien sind das Resultat eines Fits mit dem von de Gennes berechneten kohärenten Strukturfaktor (siehe Text).

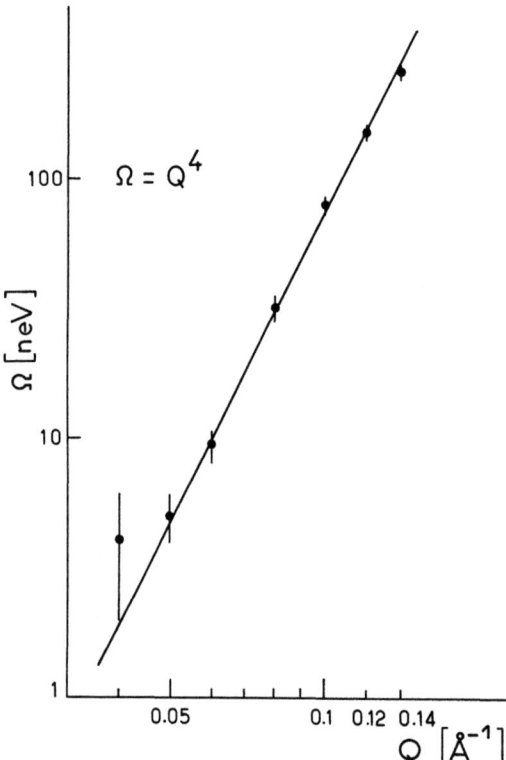

Abb. 7: Abhängigkeit der charakteristischen Relaxationsrate Ω als Funktion des Impulsübertrags Q, die sich aus einer Analyse der Spektren, die in Abb. 5 gezeigt werden, ergibt.

dem vorhergesagten Q^4-Gesetz. Die mikroskopische Rouse-Relaxationsrate W bestimmt auch die Viskosität der nicht verhakten Schmelze.

$$\eta = \frac{\rho N_A}{N M_0} \frac{k_B T}{2} \sum_p \tau_p = \frac{\rho N_A}{M_0} \frac{k_B T}{12} \frac{N}{W} \qquad (11)$$

Dabei ist ρ die Polymerdichte und N_A die Loschmidt-Zahl. Gemessene und mit Hilfe der mikroskopisch bestimmten Rate W berechnete Viskositäten stimmen im Rahmen von 20% miteinander überein.

In Abb. 8 ist die Q-Abhängigkeit der charakteristischen Rate für Polyisopren dargestellt [4]. Über den ganzen Q-Bereich wird wiederum im Rahmen des experimentellen Fehlers eine Q^4-Abhängigkeit gefunden. Die eingesetzte Abbildung demonstriert das Skalenverhalten der experimentellen Spektren, die bei Auftragung gegen $Q^2 \sqrt{t}$ einer gemeinsamen Kurve folgen. Die durchgezogene Linie

Abb. 8: Charakteristische Relaxationsrate für die Rouserelaxation in Polyisopren als Funktion des Impulsübertrags. Das eingesetzte Bild zeigt das Skalenverhalten des dynamischen Strukturfaktors als Funktion der Rousevariablen. Die verschiedenen Symbole korrespondieren zu verschiedenen Q-Werten.

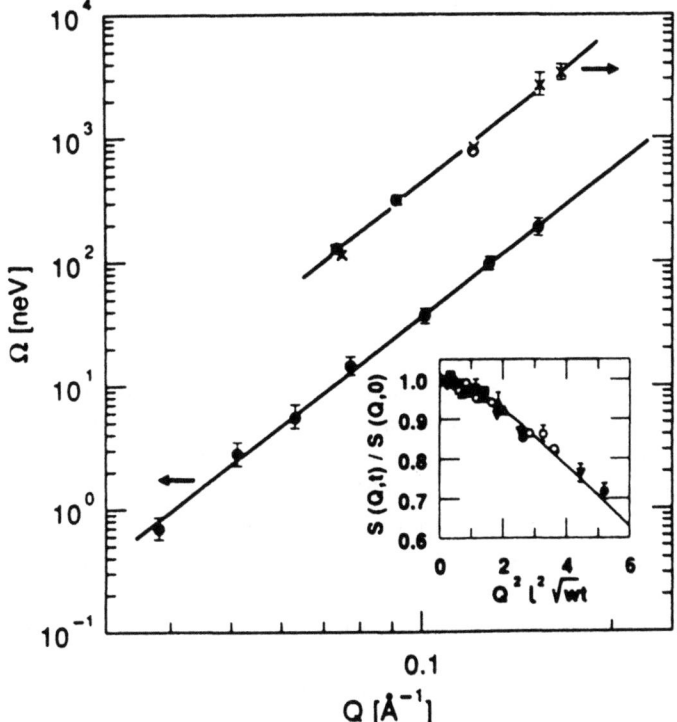

gibt das Resultat eines gemeinsamen Fits mit dem von de Gennes berechneten Rouse-Strukturfaktor für kohärente Streuung wieder. Anders als im Fall der Selbstkorrelationsfunktion, wo sich in dieser Darstellung eine Gerade ergab, hat der dynamische Strukturfaktor für die Paarkorrelationsfunktion eine kompliziertere Form, die aber das Skalenverhalten unberührt läßt.

Ziehen wir eine erste Bilanz: Die Kettendynamik bei kurzen Zeiten, bei denen Verhakungseffekte noch keine Rolle spielen, wird durch das Bild einer Langevin-Dynamik mit entropischen Rückstellkräften hervorragend beschrieben. Das Rouse-Modell beschreibt quantitativ (i) die Q-Abhängigkeit der charakteristischen Relaxationsrate, (ii) die spektrale Form sowohl der Selbst- als auch der Paarkorrelationsfunktion und (iii) stellt den richtigen Bezug zur makroskopischen Viskosität her.

3.2 Übergang zu verhakungsbestimmtem Verhalten

Die Abb. 9 und 10 zeigen die Abhängigkeit der Selbstdiffusionskonstante und der Viskosität von Polyethylenschmelzen vom Molekulargewicht [11, 12]. Für kleine Molekulargewichte verhält sich die Diffusionskonstante umgekehrt proportional zur Kettenlänge – die Anzahl der reibenden Monomere wächst linear mit dem Molekulargewicht. Dieses Verhalten geht mit wachsendem M in ein $1/M^2$-Gesetz über. Die Diffusionskonstante wird weit stärker reduziert als aus der zunehmenden Anzahl von reibenden Monomeren zu erwarten wäre. Dieses Regime wird durch das Reptationsmodell beschrieben, das wir im folgenden Kapitel genauer diskutieren wollen. Einen ähnlichen Übergang findet man in der Molekulargewichtsabhängigkeit der Viskosität. Für kurze Ketten wird der durch Gl. (11) vorhergesagte lineare Zusammenhang von Viskosität und Kettenlänge beobachtet, während für längere Ketten die Viskosität mit einer hohen Potenz ($M^{3,4}$) vom Molekulargewicht abhängt – wiederum wird dieser Übergang den Verhakungen zugeschrieben.

Um herauszufinden, wie das Einsetzen von Verhakungseffekten die Intrakettenbewegungen beeinflußt, haben wir Neutronenspinechoexperimente an einer Reihe von Polyethylenschmelzen mit Molekulargewichten in dem Übergangsbereich durchgeführt (M_W=2000, 3600, 4800, 6500) [6, 13]. Den monodispersen deuterierten Schmelzen wurden jeweils 10% protonierter Ketten gleicher Länge beigemischt. Abb. 11 zeigt experimentelle Spektren, die an den Proben mit den Molekulargewichten 2000 und 4800 erzielt wurden. Ein Vergleich der Spektren zeigt, daß bei der längeren Kette offensichtlich die Relaxation viel weniger weit fortschreitet als bei der kürzeren Kette. Nehmen wir als Beispiel das Spektrum bei dem Impulsübertrag Q=0,12 Å^{-1}. Während bei der kürzeren Kette der dynami-

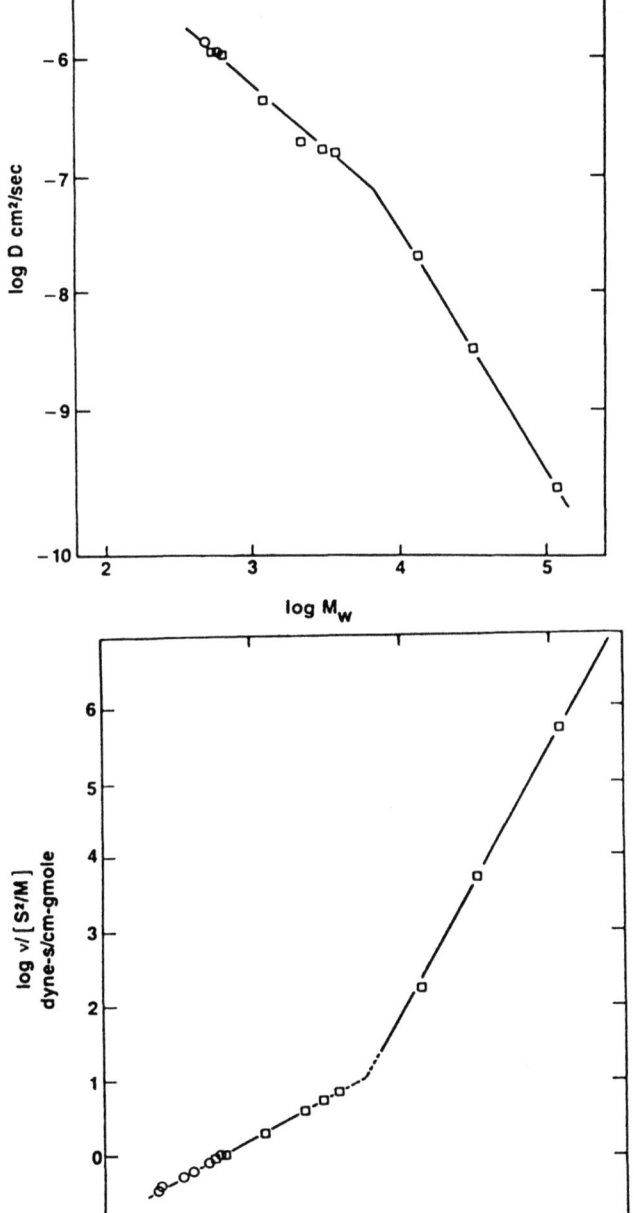

Abb. 9: Selbstdiffusionskoeffizienten von Polyethylenketten als Funktion des Molekulargewichts. Die Messungen wurden bei gleichem Wert des monomeren Reibungskoeffizienten durchgeführt.

Abb. 10: Kinematische Viskosität bei gleichem monomeren Reibungskoeffizient von Polyethylenschmelzen als Funktion des Molekulargewichts.

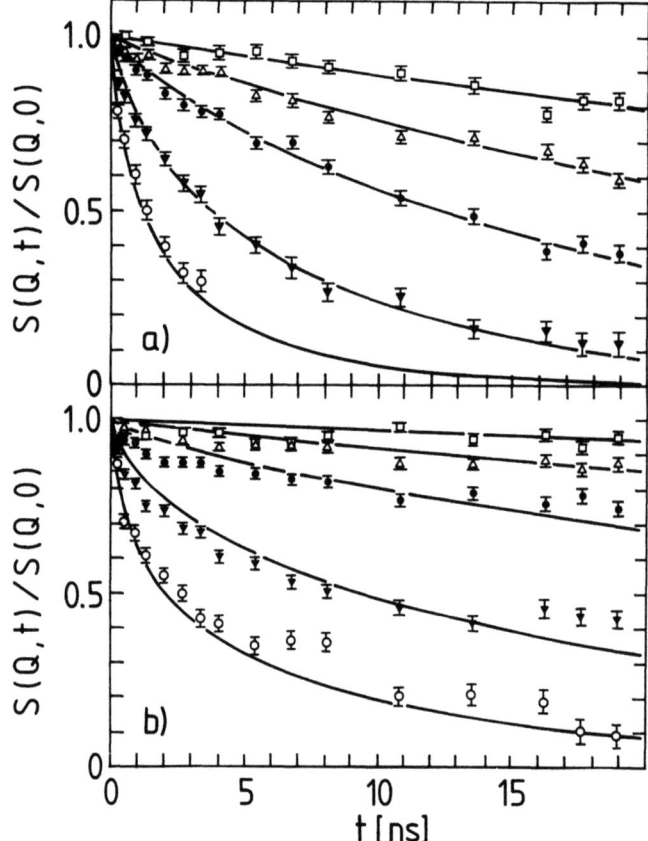

Abb. 11: Dynamischer Strukturfaktor für zwei Polyethylenschmelzen verschiedenen Molekulargewichts; a) $M_W = 2 \times 10^3$; b) $M_W = 4,8 \times 10^3$. Die Impulsüberträge Q betragen von oben nach unten Q = 0,037; 0,055; 0,077; 0,115 und 0,155 Å^{-1}. Die durchgezogenen Linien zeigen das Resultat der Modenanalyse (siehe Text).

sche Strukturfaktor bei 20 Nanosekunden bereits auf ungefähr 0,1 abgefallen ist, relaxiert die längere Kette bei demselben Q und der gleichen Zeit nur auf etwa 0,4.

In der folgenden Analyse dieser Daten wollen wir feststellen, inwieweit die einzelnen Normalmoden der relaxierenden Kette durch das Auftreten der topologischen Behinderungen beeinflußt sind. Ausgangspunkt dieser Analyse ist die Tatsache, daß die räumliche Struktur der Eigenmoden Gaußscher Ketten durch die Rouseform gegeben ist:

$$x_p(t) = \frac{1}{N} \sum_n x_n(t) \cos\left(\frac{p\pi n}{N}\right). \tag{12}$$

Die Zeitabhängigkeit kann dabei eine beliebige Form annehmen. Im Rahmen dieser Modenstruktur kann der dynamische Strukturfaktor in allgemeiner Form formuliert werden [14].

$$S(Q,t) = \frac{1}{N} \exp\left(-\frac{Q^2}{6} \langle (x_0(t) - x_0(0))^2 \rangle\right) \times$$

$$\left\{\sum_{mn} \exp\left\{-\frac{1}{6} Q^2 l^2 |m-n| - \frac{2}{3} \frac{R_E^2}{\pi^2} Q^2 \sum_p \frac{1}{p^2} \left[\cos\left(\frac{p\pi m}{N}\right) \cos\left(\frac{p\pi n}{N}\right) \left(1 - \langle x_p(t) x_p(0) \rangle\right)\right]\right\}\right\}$$

(13)

Dabei bezeichnen x_0 die Schwerpunktskoordinaten und die spitzen Klammern den thermischen Mittelwert. Die Korrelationsfunktion $\langle (x_0(t)-x_0(0))^2 \rangle$ beschreibt die diffuse Bewegung des Molekülschwerpunkts. Die Relaxationsdynamik der internen Moden ist in der genauen Zeitabhängigkeit der Korrelatoren $\langle x_p(t) x_p(0) \rangle$ verborgen. Sie beschreiben die zeitliche Entwicklung der Bewegung eines Normalmodes „p". Im Fall der entropiebestimmten Rousebewegung haben die Korrelatoren die Form:

$$\langle x_p(t) x_p(0) \rangle = e^{-t/\tau_p}$$

$$\frac{1}{6} \langle [x_0(t) - x_0(0)]^2 \rangle = \frac{k_B T}{N \zeta_0} t = D_R t.$$

(14)

Dabei ist D_R die Rousediffusionskonstante. Die einsetzenden räumlichen Beschränkungen sollten zu einer komplizierteren Zeitabhängigkeit führen.

Wie kann man hoffen, die Beiträge der verschiedenen Normalmoden aus dem Relaxationsverhalten des dynamischen Strukturfaktors zu extrahieren? Die Fähigkeit der Neutronenstreuung, molekulare Bewegungen direkt auf ihrer natürlichen Zeit- und Längenskala zu beobachten, ermöglicht die Bestimmung der Modenbeiträge zur Relaxation von S(Q,t). Verschiedene Relaxationsmoden beeinflussen die Streufunktion in verschiedenen Q-Bereichen. Da der dynamische Strukturfaktor nicht einfach in eine Summe oder in ein Produkt der Modenbeiträge zerfällt, ist diese Q-Abhängigkeit nicht einfach darzustellen. Um die Effekte etwas transparent zu machen, betrachten wir den maximalen Beitrag, den ein gegebener Mode „p" zur Relaxation des dynamischen Strukturfaktors leisten kann. Dieser maximale Beitrag ist erreicht, wenn der Korrelator $<x_p(t)x_p(0)>$ in Gl. (13) auf Null abgefallen ist. Um in einem einfachen Bild zu bleiben, halten wir alle anderen Relaxationsmoden fest: $<x_s(t)x_s(0)> = 1$ für $s \neq p$.

Unter diesen Voraussetzungen gibt Gl. (13) an, inwieweit ein bestimmter Mode „p" S(Q,t) als Funktion des Impulsübertrages Q maximal reduzieren kann. Abb. 12 präsentiert die Q-Abhängigkeit der Modenbeiträge für die $M_W = 2000$ und $M_W = 4800$ Proben. Senkrechte Linien markieren die experimentell unter-

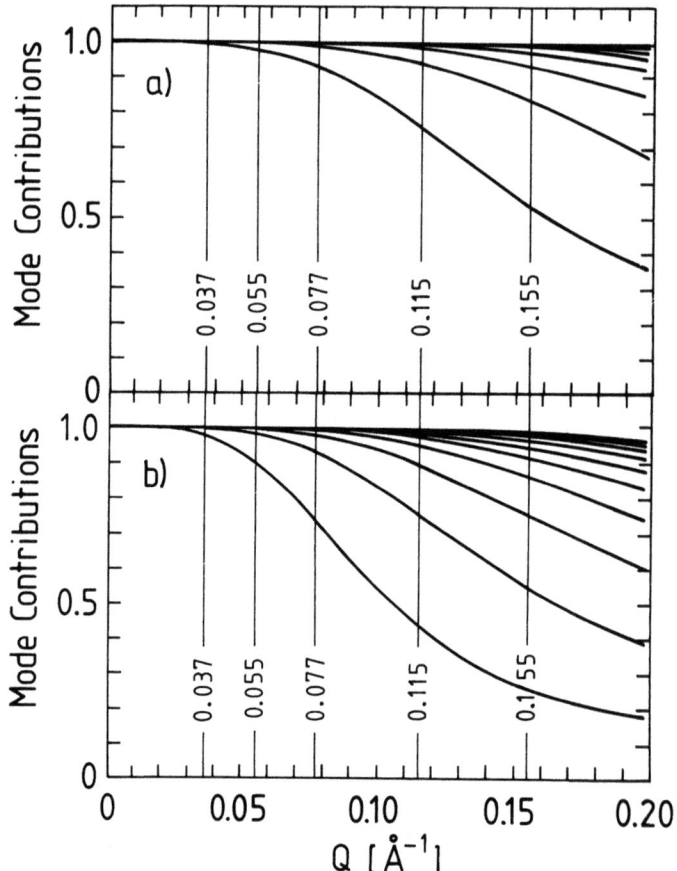

Abb. 12: Beiträge der verschiedenen Relaxationsmoden zur Relaxation des dynamischen Strukturfaktors $S(Q,t)/S(Q,0)$ (siehe Text) für a) $M_W=2,0\times10^3$ und b) $M_W=4,8\times10^3$. Die experimentellen Q-Werte sind durch vertikale Linien angezeigt; Kurven entsprechend von unten nach oben ansteigenden Modenzahlen.

suchten Impulsüberträge. Beginnen wir bei der kurzen Kette: Für das kleinste Q beeinflussen die internen Moden den dynamischen Strukturfaktor nicht. Dort wird nur die Translationsdiffusion beobachtet. Mit wachsendem Q beginnt zunächst die erste Mode eine Rolle zu spielen. Wird Q weiter erhöht, so beginnen oberhalb von $Q=0,1$ Å^{-1} auch höhere Relaxationsmoden den dynamischen Strukturfaktor zu beeinflussen. Wird die Kettenlänge vergrößert, so verschiebt sich der Einfluß der verschiedenen internen Relaxationsmoden zu kleineren Impulsüberträgen. Diese Q-Abhängigkeit der Beiträge verschiedener Relaxationsmoden zu $S(Q,t)$ ermöglicht die Separation des Einflusses verschiedener Moden auf den dynamischen Strukturfaktor.

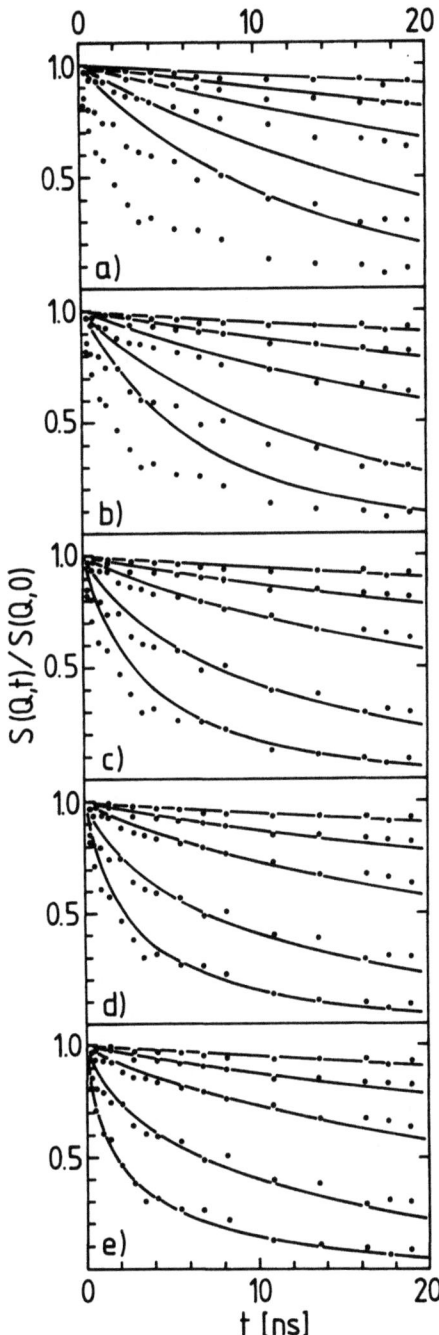

Abb. 13: Resultat der Modenanalyse für die $M_W=3600$ Probe. Die Abbildungen zeigen das Resultat einer Berechnung der Spektren unter Mitnahme einer sukzessive ansteigenden Anzahl von Moden im Vergleich zum experimentellen Resultat; a) nur Translationsdiffusion, b) Translationsdiffusion und erster Mode, c) Translationsdiffusion und die ersten beiden Moden, d) Translationsdiffusion und die ersten drei Moden, e) Translationsdiffusion und alle Moden.

Um die Daten mit einer überschaubaren Anzahl von Parametern auswerten zu können, nehmen wir in erster Näherung an, daß die exponentielle Korrelation der Korrelatoren (Gl. (14)) erhalten bleibt. Für eine weitergehende Behandlung wird auf Referenz [6] verwiesen.

Die Relaxationsraten $1/\tau_p$ sollen jedoch in allgemeiner Form von dem Modenindex abhängen.

$$\frac{1}{\tau_p} = \frac{\pi^2 p^2}{N^2} W_p \qquad (15)$$

Die modenabhängige Rate W_p ist der Parameter der Analyse.

Abb. 13 demonstriert den Beitrag der verschiedenen Moden zum dynamischen Strukturfaktor für die Probe mit dem Molekulargewicht 3600. Ausgehend von den Parametern, die in einem gemeinsamen Fit mit Hilfe von Gl. (13) erhalten wurden, haben wir S(Q,t) für diese Probe nach Gl. (13) mit wachsender Anzahl von Modebeiträgen berechnet.

Abb. 13a zeigt den Beitrag der Translationsdiffusion. Nur für den kleinsten Impulsübertrag Q=0,037Å^{-1} beschreibt die Translationsdiffusion die experimentellen Daten. Abb. 13b präsentiert S(Q,t) unter Mitnahme des ersten Modes. Offensichtlich wird jetzt bereits das Langzeitverhalten des Strukturfaktors gut dargestellt, während bei kürzeren Zeiten die Kette offensichtlich viel schneller relaxiert als berechnet.

Abb. 13c-e zeigen, wie sich die Übereinstimmung zwischen experimentellen Daten und berechnetem Strukturfaktor verbessert, wenn mehr und mehr Relaxationsmoden berücksichtigt werden. In Abb. 13e schließlich kann eine sehr gute Übereinstimmung zwischen Theorie und Experiment festgestellt werden.

Abb. 14 zeigt die Resultate für W_p, die modenabhängige Relaxationsrate, für die verschiedenen Molekulargewichte als Funktion des Modeindex „p". Für das kleinste Molekulargewicht M_W=2000 ergeben sich Relaxationsraten W_p, die unabhängig von „p" sind. Offensichtlich folgt diese Kette dem Rousegesetz. Die Moden relaxieren mit einer Rate proportional zu p^2 (Gl. (7)). Wird das Molekulargewicht erhöht, so werden sukzessive die Relaxationsraten für die niedrigindizierten Moden im Vergleich zur Rouserelaxation reduziert, während im Rahmen der experimentellen Fehler die höheren Moden unbeeinflußt bleiben.

Wie können wir dieses Verhalten verstehen? Dazu nehmen wir eine Anleihe aus dem nächsten Kapitel. Dort wird gezeigt, daß für Polyethylen bei der Meßtemperatur von 509 K das Molekulargewicht zwischen den Verhakungspunkten M_e=2000 oder die Anzahl der Monomere zwischen den Verhakungspunkten $N_e = M_e/M_0 \approx 140$ betragen (M_0 Monomergewicht). Nehmen wir an, daß die charakteristische Länge für eine Relaxationsmode L_p durch den Abstand zwischen zwei Knoten gegeben ist ($L_p = l N/p$). Wir können dann einen kritischen Modenindex $p_{cr} = N/N_e$ definieren, unterhalb dessen die charakteristische Aus-

Viskoelastizität und mikroskopische Bewegung 27

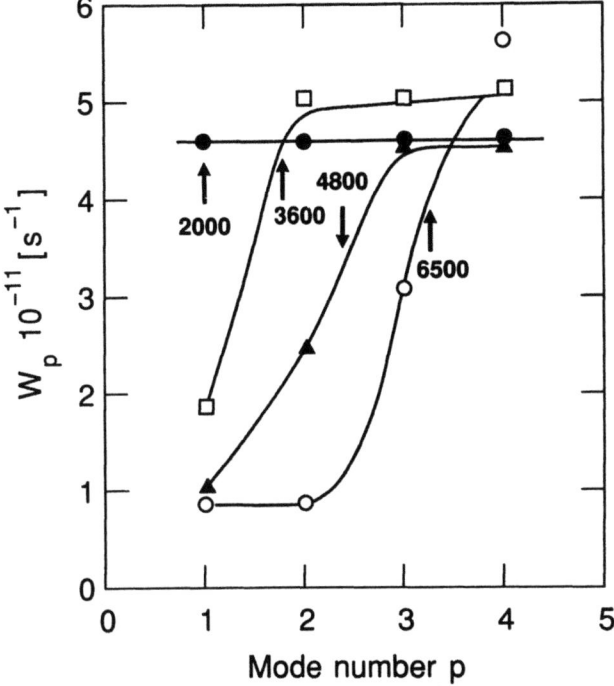

Abb. 14: Relaxationsraten W_p für die ersten vier Relaxationsmoden von Ketten verschiedenen Molekulargewichts als Funktion der Modenzahl p. Für jedes Molekulargewicht deutet der Pfeil die Bedingung $p=N/N_e$ an.

dehnung einer Mode größer wird als der Abstand zwischen Verhakungen in der langkettigen Schmelze. In Abb. 14 sind diese kritischen Modenindizes für die verschiedenen Molekulargewichte als Pfeile eingetragen. Es ist offensichtlich, daß Relaxationsmoden dann Abweichungen vom Rouseverhalten zeigen, wenn ihre Ausdehnung größer ist als der Verhakungsabstand in der langkettigen Schmelze. Damit kommen wir zu einer Interpretation der Resultate der Modenanalyse. Topologische Wechselwirkungen blockieren oder reduzieren zumindest sehr stark die Relaxationsrate für solche Moden, deren charakteristische Länge größer wird als der sich in langkettigen Schmelzen ausbildende Verhakungsabstand.

Wir wollen das Resultat der Modenanalyse jetzt mit Messungen der Viskosität an Polyethylenschmelzen vergleichen. Mit Hilfe von Gl. (11), die die Viskosität mit den Relaxationszeiten verknüpft, können wir mit Hilfe der Resultate der Spinechomessung die Viskosität vorhersagen und mit der Messung vergleichen [12]. Dies geschieht in Abb. 15, wo die Viskosität als Funktion des Molekulargewichts dargestellt ist. Die offenen Punkte stellen die Vorhersagen des NSE-

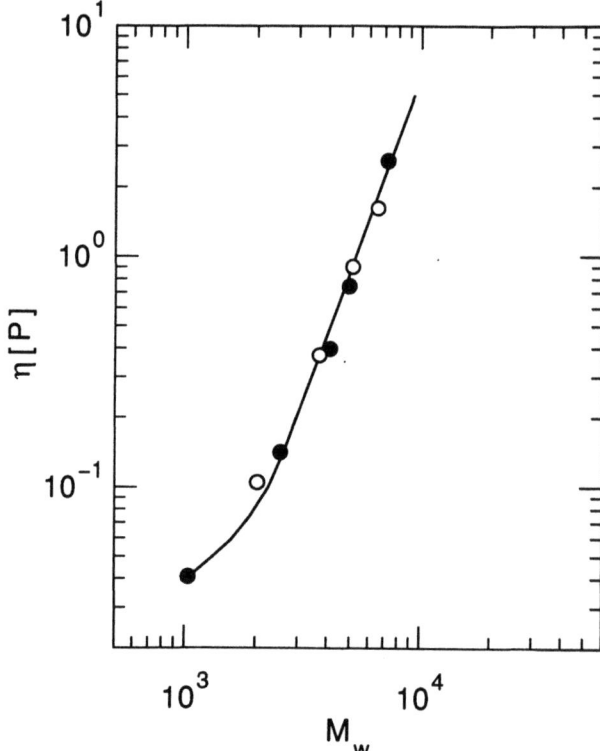

Abb. 15: Vergleich von gemessenen und aus den Spinechoresultaten berechneten Viskositäten für Polyethylenschmelzen bei 509 K als Funktion des Molekulargewichtes (● experimentelles Resultat; ○ berechnete Viskositäten auf der Basis der Modenanalyse).

Resultats dar, während die gefüllten Punkte die Viskositätsmessung repräsentieren. Beide Datensätze stehen in hervorragender Übereinstimmung miteinander und demonstrieren die Konsistenz der Auswertung.

Ziehen wir eine zweite Bilanz. Die Q-Abhängigkeit der Modenbeiträge zum dynamischen Strukturfaktor eröffnet einen direkten Zugang zu den individuellen Relaxationsmoden einer Kette. Dies ist eine Konsequenz der Tatsache, daß Neutronen Bewegungen auf ihren natürlichen Längen- und Zeitskalen zu beobachten erlauben. Wir finden, daß großräumige Moden mit charakteristischen Längen größer als dem Verhakungsabstand oder einem Modenindex $p < N/N_e$ stark verlangsamt werden. Mit Hilfe der extrahierten Relaxationsraten wird eine quantitative Übereinstimmung mit Viskositätsmessungen erzielt.

4. Lange Ketten – Reptation

Das Reptationsmodell von de Gennes [15], Doi und Edwards [16] geht von der intuitiven Vorstellung aus, daß die Bewegungen einer Kette in einer Schmelze durch die sie umschlingenden anderen Ketten in Richtungen lateral zu ihrem eigenen Profil stark beeinträchtigt werden. Die dominante Diffusionsbewegung verläuft entlang des Kettenprofils. Eine Kette schlängelt sich durch eine Schmelze wie eine Schlange. Die lateralen Einschränkungen werden durch eine Röhre modelliert, die parallel zum Kettenprofil verläuft. Ihr Durchmesser ist, wie in der Einleitung andiskutiert, mit dem Plateaumodul der Schmelze korreliert. Die Einschränkung der Bewegung durch andere Ketten wird nicht auf der Skala der Monomere wirksam, sondern erlaubt laterale Bewegungen auf intermediären Längenskalen ($d \cong 50 \ldots 100$ Å). In diesem einfachen intuitiven Modell können die experimentellen Beobachtungen für Viskosität und Diffusion unmittelbar verständlich gemacht werden.

Nach Gl. (11) wird die Viskosität durch die längste Relaxationszeit – hier das Verlassen einer Anfangskonfiguration – bestimmt. Geht man davon aus, daß die Kette innerhalb ihrer Röhre einer Rousediffusion unterliegt (Gl. (9)), so gilt für die Röhrendiffusion $D_R \propto 1/N$. Die Kette hat dann eine Anfangskonfiguration verlassen, wenn sie über eine Konturlänge $L = lN$ diffundiert ist. Damit gilt

$$\tau_\eta \approx \frac{L^2}{D} \approx N^3 \approx \eta. \tag{16}$$

Im Raum folgt die Kontur der Kette einem Gaußschen Zufallsweg, d. h., während der Zeit τ_η diffundiert die Kette über eine räumliche Distanz, die ihrem End-zu-Endabstand entspricht ($R_E \propto N^{1/2}$). Damit erhält man für die Reptations-Diffusionskonstante

$$D_{rep} \approx \frac{R_E^2}{\tau_\eta} \approx \frac{1}{N^2}. \tag{17}$$

Während die experimentell beobachtete Viskosität in der Regel mit einem etwas größeren Exponenten als 3 vom Molekulargewicht abhängt – es gibt Grund zur Annahme, daß für sehr große Kettenlängen ein N^3-Gesetz erfüllt ist –, wird die vorhergesagte Kettenlängenabhängigkeit der Diffusionskonstanten experimentell direkt bestätigt.

Was sind die Konsequenzen der Lokalisationsröhre für den dynamischen Strukturfaktor? Für kurze Zeiten, während derer die mittlere quadratische Segmentauslenkung kleiner als die Röhrenbegrenzung ist, sollte die Kettenbewegung unbeeinflußt von der Röhrenbeschränkung verlaufen. Hier sollte das Rousegesetz, insbesondere seine Skalierungseigenschaft von Impulsübertrag und Zeit (Gl. (10)) gelten. Für mittlere Zeiten haben sich Dichtefluktuationen quer zur

Röhre bereits äquilibriert. Paarkorrelationen entlang der Röhre werden durch die Lokalisationsröhre stabilisiert und zerfallen erst, wenn die Kette die Röhre verläßt. Damit erwarten wir, daß in diesem Zeitbereich der dynamische Strukturfaktor gegen eine von Q abhängige Konstante geht. Ein weiterer Zerfall von S(Q,t) tritt erst für Zeiten in der Größenordnung von τ_η auf. Der Wert des Q-abhängigen Plateaus ergibt sich aus der Fouriertransformierten der Lokalisationsröhre. Das wesentlich Neue im dynamischen Strukturfaktor der reptierenden Kette ist das Auftreten einer Längenskala d, die die Skaleneigenschaft des Rousemodells aufhebt.

Abb. 16 präsentiert Meßresultate an alternierenden Polyethylenpropylencopolymer-Schmelzen bei 496 K [17]. Qualitativ folgen die Relaxationsspektren, die linear gegen die Zeit aufgetragen sind, den durch das Reptationsmodell gesetzten Erwartungen. S(Q,t) zeigt für kurze Zeiten eine schnelle Relaxation, die oberhalb etwa 15 ns in ein Plateau übergeht. Die gestrichelte Linie demonstriert die erwartete Relaxation im Rousemodell. In Abb. 17 sind dieselben Daten gegen die Skalenvariable des Rousemodells $Q^2\sqrt{t}$ aufgetragen. Anders als in Abb. 5 und 8 folgen hier die skalierten Daten nicht einer gemeinsamen Kurve, sondern spalten nach anfänglich gemeinsamem Verlauf in Q-abhängige Äste auf. Diese Aufspaltung ist eine Konsequenz der Existenz einer dynamischen Längenskala, die die Rouse-Skalierungseigenschaften aufhebt. Wir merken an, daß diese Länge einen rein dynamischen Charakter hat und in statischen Experimenten nicht beobachtbar ist.

Um zu quantifizieren, bedarf es analytischer Modelle, die mit den Daten verglichen werden können. Wir möchten drei verschiedene Modellkategorien kurz andiskutieren, ohne sie im Detail zu erklären. (i) In sogenannten generalisierten Rousemodellen [18, 19] wird die Wirkung der topologischen Behinderungen durch eine Gedächtnisfunktion beschrieben. Im Grenzfall langer Ketten läßt sich der dynamische Strukturfaktor in derartigen Modellen im Zeitbereich des NSE-Experiments explizit berechnen. Die in Abb. 17 eingetragenen durchgezogenen Linien entsprechen einem Fit der Daten mit dem generalisierten Rousemodell von Ronca [18]. (ii) Unter Vernachlässigung der anfänglichen Rousebewegung – sie bestimmt den gemeinsamen Verlauf der Daten in Abb. 17 bei kleinen Werten der Rouse-Skalenvariablen – hat de Gennes die kollektive Kettenbewegung in der Lokalisationsröhre in seinem lokalen Reptationsmodell explizit berechnet [20]. Für den dynamischen Strukturfaktor im limes langer Zeiten ergibt sich

$$S(Q,t)\,|_{t\to\infty} = S(Qd;Q^2t^{1/2})\,|_{t\to\infty} = 1 - \frac{Q^2d^2}{36}. \qquad (18)$$

(iii) Des Cloizeaux schließlich hat ein gummiartiges Modell für die Kettenbewegung bei intermediären Zeiten formuliert [21]. Er nimmt an, daß bei mittleren

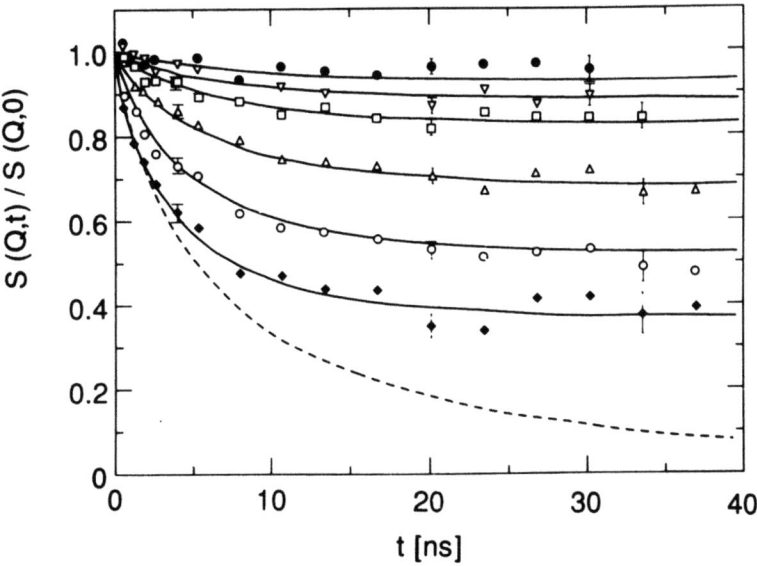

Abb. 16: NSE-Spektren von linearen alternierendem Polyethylenpropylen Copolymer bei 492 K. Die durchgezogenen Linien sind das Resultat eines Fits, mit dem generalisierten Rousemodell von Ronca [17]. Die gestrichelte Linie entspricht der Rouserelaxation beim größten Impulsübertrag. Die Impulsüberträge für die Spektren von oben nach unten sind: 0,058; 0,068; 0,078; 0,097; 0,116; 0,135 Å^{-1}.

Abb. 17: Dieselben Spektren, die in Abb. 16 dargestellt sind, als Funktion der Rouse-Skalenvariablen ($\sigma^2 \equiv l^2$); Q-Werte von oben nach unten: 0,058; 0,068; 0,078; 0,097; 0,116; 0,135 Å^{-1}.

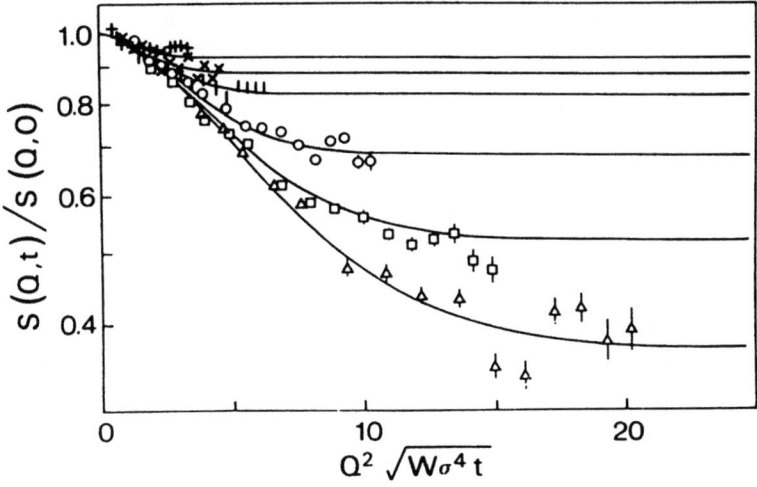

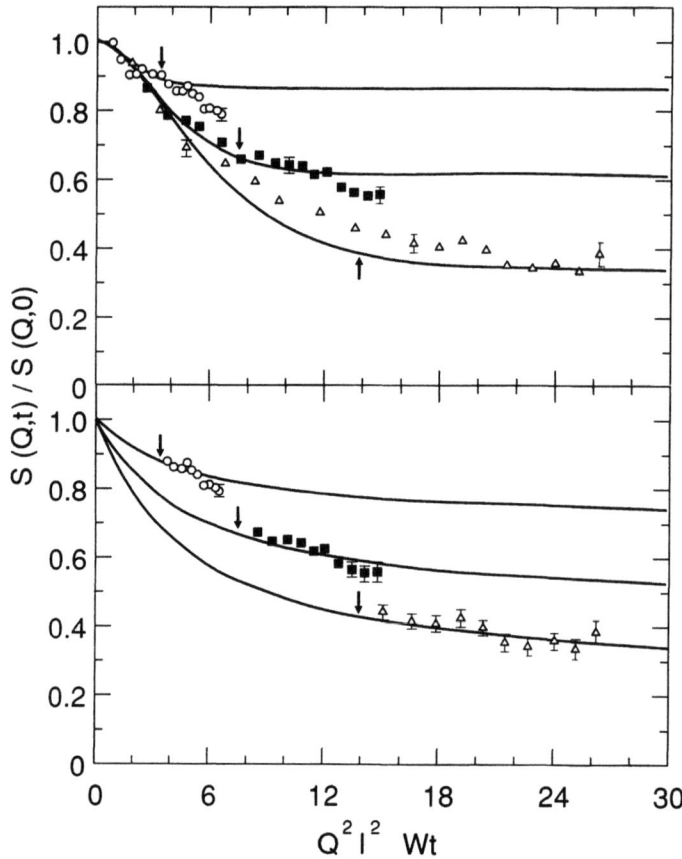

Abb. 18: NSE-Spektren an Polyethylenschmelzen bei 509 K in einer Rouseskalen-Darstellung: ○ Q=0,078 Å^{-1}; ■ Q=0,116 Å^{-1}; △ Q=0,155 Å^{-1}. Der obere Teil der Abb. zeigt die Spektren im Vergleich mit einem Fit des generalisierten Rousemodells von Ronca [18]. Der untere Teil der Abb. vergleicht die Daten mit den Vorhersagen des lokalen Reptationsmodells [20]. Hier sind die Meßpunkte, die der anfänglichen Rouserelaxation entsprechen, weggelassen.

Zeiten die Verhakungspunkte der Ketten wie im Gummi untereinander fixiert sind, und die Ketten unter der Randbedingung fixierter Verhakungspunkte Rousebewegungen durchführen. Dieses gummiartige Modell kommt der Vorstellung eines temporären Netzwerks konzeptuell am nächsten.

Abb. 18 vergleicht NSE-Resultate an langkettigem Polyethylen mit dem generalisierten Rousemodell nach Ronca und dem lokalen Reptationsmodell von de Gennes. Aus dem oberen Teil der Abbildung (Roncamodell) wird deutlich, daß dieses Modell die Daten zwar qualitativ beschreibt, daß jedoch im Detail deutliche Abweichungen auftreten. Offensichtlich ist die vorhergesagte Q-Abhängigkeit stärker als die experimentell beobachtete. Während bei dem kleinsten Impuls-

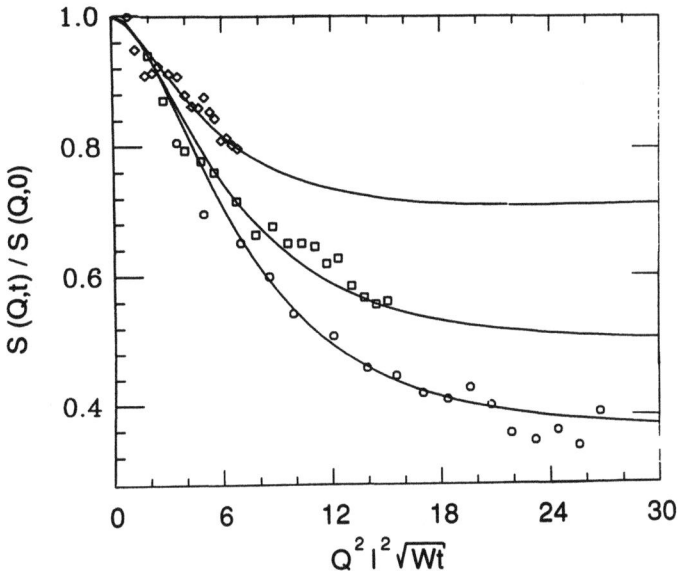

Abb. 19: Vergleich der Polyethylendaten mit dem gummiartigen Modell von des Cloizeaux [21]. Die Q-Werte entsprechen denen der Abb. 18.

übertrag die Meßdaten deutlich unterhalb der theoretischen Kurve liegen, befinden sie sich bei dem größten Impulsübertrag oberhalb dieser Kurve – die tatsächliche Aufspaltung ist offenbar kleiner als vorhergesagt. Der Modellfit ergibt für den Verhakungsabstand oder den Röhrendurchmesser $d = 43 \pm 1$ Å. Im unteren Teil der Abbildung werden die Daten mit den Vorhersagen des lokalen Reptationsmodells verglichen. Hier ist zu berücksichtigen, daß dieses Modell die anfängliche Rousebewegung vernachlässigt. Deshalb dürfen nur solche Daten berücksichtigt werden, die zu Zeiten gehören, bei denen die mittlere quadratische Segmentauslenkung größer ist als der Röhrendurchmesser d. Dieser Wert wird durch Pfeile in der Abbildung charakterisiert. Wir erkennen, daß das lokale Reptationsmodell im Gültigkeitsbereich mit den experimentellen Daten sehr gut übereinstimmt. Das gilt sowohl für die beobachtete Q-Aufspaltung der Daten als auch für die leichten Abweichungen von einem Plateau in der Zeit. Für den Röhrendurchmesser ergibt ein Fit mit diesem Modell $d = 43{,}5 \pm 1$ Å in sehr guter Übereinstimmung mit dem Roncamodell. Abb. 19 schließlich vergleicht dieselben Daten mit den Vorhersagen des gummiartigen Modells von des Cloizeaux. Über den ganzen beobachteten Bereich der Skalenvariablen beschreibt dieses Modell die experimentellen Daten sehr gut. Für den mittleren Abstand zwischen Verhakungen, für den eine Poissonverteilung angenommen wurde, finden wir $d = 35 \pm 1$ Å.

Zum Abschluß wollen wir diese Resultate mit rheologischen Messungen vergleichen. Zu diesem Zweck haben wir den Plateaumodul von Polyethylen bei der Meßtemperatur bestimmt (509 K) und mittels der Reptationstheorie der Viskoelastizität ausgewertet. Der sich ergebende rheologisch bestimmte Röhrendurchmesser von $d = 42$ Å ist in hervorragender Übereinstimmung mit den Resultaten des generalisierten Rousemodells sowie des lokalen Reptationsmodells [4].

Ziehen wir eine dritte Bilanz. Mittels NSE-Spektroskopie haben wir die Segmentdynamik langer untereinander verhakter Ketten in der Schmelze studiert. Diese Messungen führen zu einer direkten Beobachtung eines mittleren Verhakungsabstandes oder Röhrendurchmessers in langkettigen Schmelzen. Diese Größe ist also nicht nur ein Denkmodell der Rheologie, sondern existiert tatsächlich auf molekularer Skala. Dabei stimmt der Wert des mikroskopisch bestimmten Röhrendurchmessers hervorragend mit dem Verhakungsabstand überein, der aus einer Reptationsinterpretation des rheologisch bestimmten Plateaumoduls herrührt. Wir bemerken, daß dieses keinesfalls triviale Resultat Messungen miteinander verknüpft, die einerseits auf der ns-Skala (NSE) und andererseits im kHz-Bereich (Rheologie) durchgeführt wurden.

5. Skalenmodelle zum Ursprung der Verhakungen

Obwohl der Verhakungsabstand grundlegend für unser Verständnis der Viskoelastizität von Polymerschmelzen ist, ist sein molekularer Ursprung nur wenig verstanden. Gegenwärtige Modelle interpretieren ihn vor allen Dingen als ein topologisches Phänomen, das daher rührt, daß lange, lineare, in sich verknäuelte Polymerketten sich nicht gegenseitig schneiden können [22–26]. In einem derartigen Verständnis ist die Kettenkonturlängendichte ein entscheidender Parameter. Unter Konturlängendichte versteht man die Gesamtkettenlänge, die in einem Einheitsvolumen untergebracht werden kann. Schlanke Ketten ohne Seitengruppen, wie z. B. Polyethylen, haben eine hohe Konturlängendichte, während z. B. Ketten mit voluminösen Seitengruppen wie Polystyrol durch eine niedrigere Konturlängendichte ausgezeichnet sind. Die Dominanz der Konturlängendichte haben Graessley und Edwards zur Basis eines Skalenansatzes gemacht, den wir im Folgenden diskutieren wollen [22].

De Gennes [26] und andere [25] haben vorgeschlagen, daß die Anzahl der binären Interkettenkontakte wesentlich für das Zustandekommen von Verhakungen ist. Ronca [18] und andere [23, 27] haben ein Packungskriterium zur Erklärung der Verhakungen formuliert. Wir werden sehen, daß beide Vorstellungen als Spezialfälle des Skalenmodells verstanden werden können.

Ausgangspunkt des Skalenmodells ist die Vorstellung, daß die langreichweitige Wechselwirkung in dichten Polymersystemen nur mit der Kettenstruktur der sich gegenseitig nicht durchschneidbaren Ketten zusammenhängt. Die beiden Parameter des Modells sind die Konturlängendichte (Kettenlänge pro Volumen L/V) und die Schrittlänge des Zufallswegs der Kette. Diese sogenannte Kuhnsche Länge

$$l_K = C_\infty l_0 \tag{19}$$

beschreibt die lokale Steifigkeit des Polymers (C_∞ charakteristisches Verhältnis, l_0 Bindungslänge; je größer C_∞, desto steifer ist die Kette lokal). In einem Polymernetzwerk reflektiert der Modul die Vernetzungsdichte. Im Rahmen der Analogie zum Gummi ist der Plateaumodul G_N^0 ein Maß für die Wechselwirkungsdichte der Ketten untereinander und sollte wesentlich durch die Konturlängendichte bestimmt sein. Mit der Konturlängendichte $L/V = \nu L$ ($\nu = N_a \rho \Phi / M$ Zahl der Ketten pro Volumen; N_a Loschmidtsche Zahl; Φ Polymervolumenanteil; ρ Polymerdichte) und $L = M l_0 / M_0$ folgt eine Skalenbeziehung zwischen dem Plateaumodul und der Konturlängendichte

$$\frac{G_N^0 l_K^3}{k_B T} = F(\nu L l_K^2). \tag{20}$$

Dabei wurden die dimensionsbehafteten Größen G_N^0 und νL durch Multiplikation mit l_K und Division durch $k_B T$ dimensionslos gemacht.

Berücksichtigen wir ferner $\nu L l_K^2 \propto \Phi$ und das experimentelle Resultat $G_N^0 \propto \Phi^a$ in konzentrierten Lösungen, so nimmt die Funktion F in Gl. (20) die Form eines Potenzgesetzes an. Benutzen wir den Zusammenhang von ν, L, l_K mit molekularen Größen, so erhalten wir schließlich:

$$G_N^0 \approx k_B T C_\infty^{2a-3} \left(\frac{\rho \Phi}{m_0}\right)^a l_0^{3a-3}. \tag{21}$$

In der Doi-Edwards-Theorie der Viskoelastizität [14] hängt der Plateaumodul mit dem Röhrendurchmesser zusammen:

$$G_N^0 = \frac{4}{5} \frac{\langle R_E^2 \rangle}{M} \frac{\rho k_B T}{d^2} \tag{22}$$

mit $\langle R_E^2 \rangle = N C_\infty l_0^2$. Die Kombination von Gl. (21) und (22) schließlich führt zu einer Skalenbeziehung für den Röhrendurchmesser

$$d^2 \approx C_\infty^{4-2a} \left(\frac{\rho \Phi}{m_0}\right)^{1-a} l_0^{5-3a}. \tag{23}$$

Diese Beziehung ist das zentrale Resultat des Skalenmodells für den Verhakungsabstand.

Im Packungsmodell [18, 23, 27] wird der Verhakungsabstand durch den allmählichen Aufbau geometrischer Beschränkungen durch das Vorhandensein anderer Ketten in der Umgebung interpretiert oder genauer, der Verhakungsabstand wird durch ein Volumen bestimmt, das eine bestimmte Menge verschiedener Ketten enthalten muß. Dieser Ansatz basiert auf der Beobachtung, daß für viele Polymerketten das Produkt aus der Dichte der Kettenabschnitte zwischen Verhakungen $n_v = \rho N_a / M_e$ (M_e: Molekulargesicht dieser Kettenabschnitte) und dem Volumen, das durch den Verhakungsabstand aufgespannt wird, ungefähr eine Konstante ist. Dieser Ansatz führt auf

$$d^2 \approx \frac{1}{\left(\frac{\rho \Phi}{m_0}\right) C_\infty^2 l_0^4} \tag{24}$$

und ist der Spezialfall von Gl. (23) für $a = 3$. Wir stellen fest, daß, als eine Konsequenz des Packungskriteriums, der Verhakungsabstand mit wachsender Tendenz einer Kette, sich zu verknäueln, ansteigt – die Verknäuelung reduziert die Anwesenheit anderer Ketten in dem von einer Kette aufgespannten Volumen und führt zu einem Anstieg des Verhakungsvolumens.

Eine seit langem diskutierte Alternative zum Packungsansatz ist die Vorstellung, daß für das Zustandekommen einer effektiven Verhakung eine feste Anzahl von binären Kontakten verschiedener Ketten notwendig ist [25, 26]. Dieses Argument ist wiederum topologischer Natur, basiert auf der Nichtdurchschneidbarkeit von Ketten und führt auf

$$d^2 \approx \frac{1}{\left(\frac{\rho \Phi}{m_0}\right) l_0} \tag{25}$$

Das binäre Kontaktmodell ist der Spezialfall des Skalenmodells (Gl. (23)) für $a = 2$.

Der Grund, warum einfache Skalenüberlegungen nicht zu einer eindeutigen Antwort für den Exponenten führen, rührt daher, daß das Verhakungsproblem als geometrisches Phänomen zwei unabhängige Längen enthält – den lateralen Abstand zwischen den Ketten $s = (L/V)^{-1/2}$ und die Schrittweite des Zufallsweges l_K. Deswegen werden weitere Argumente wie die obigen benötigt, um den Exponenten festzulegen.

Ein experimenteller Test des Skalenmodells verlangt eine gezielte Variation der beiden Skalenvariablen des Modells, nämlich des lateralen Kettenabstandes und der Kettensteifigkeit. Die Kuhnsche Länge l_K hängt über das charakteristische Verhältnis C_∞ von der Temperatur ab; der laterale Kettenabstand s kann über den Volumenanteil Φ verändert werden.

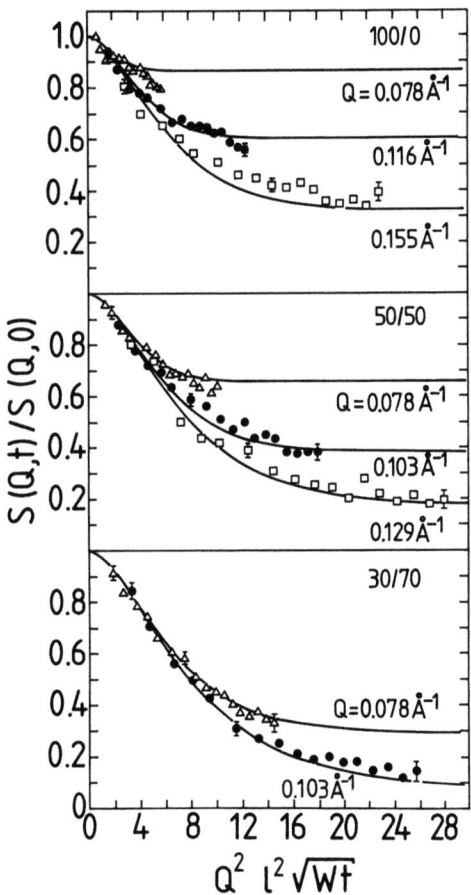

Abb. 20: NSE-Spektren an Polyethylenschmelzen bei 509 K für drei verschiedene Polymervolumenanteile in Rouseskalierung. Oberes Bild: $\Phi=1$, mittleres Bild $\Phi=0,5$; unteres Bild $\Phi=0,3$. Die durchgezogenen Linien entsprechen einem Fit mit dem Roncamodell.

Um Φ zu variieren, wurde die Polyethylenschmelze mit kurzen Oligomeren (Paraffin $C_{19}D_{40}$) verdünnt [5]. Diesem System war ein kleiner Bruchteil protonierter langer Ketten beigemischt, so daß wiederum der dynamische Strukturfaktor einer langen Kette studiert werden konnte. Abb. 20 zeigt dynamische Strukturfaktoren von derartigen verdünnten Schmelzen mit verschiedenem Paraffingehalt in der Skalenauftragung des Rousemodells. In allen Fällen wird ein Aufspalten der Spektren in Q-abhängige Äste beobachtet, das charakteristisch für das Auftreten der intermediären Längenskala oder des Röhrendurchmessers ist. Selbst im Fall der Probe, die bereits 70% Paraffin enthält, ist nach einem langen gemeinsamen Verlauf – hier findet Rousebewegung statt – ein Aufspalten zu beobachten. Insgesamt wurden Polyethylenschmelzen mit sieben verschiedenen Paraffingehalten untersucht. Die Daten wurden sowohl mit dem generalisierten Rouse-

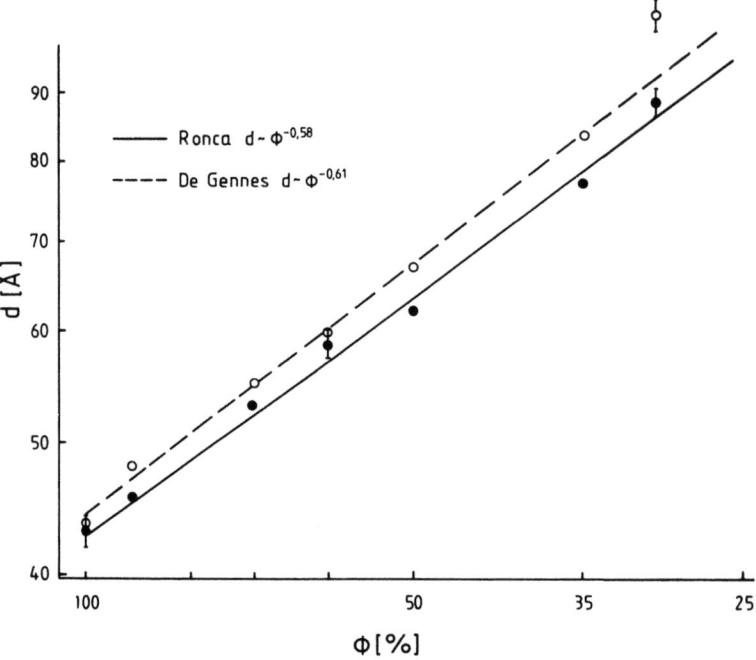

Abb. 21: Doppellogarithmische Darstellung des Verhakungsabstandes in Polyethylen bei 509 K als Funktion des Polymervolumenanteils Φ.

modell nach Ronca als auch mit dem lokalen Reptationsmodell nach de Gennes analysiert. Abb. 21 zeigt den resultierenden Röhrendurchmesser als Funktion des Polymervolumenanteils in doppeltlogarithmischer Auftragung. Zunächst ist festzustellen, daß beide Modelle außer bei der niedrigsten Konzentration vergleichbare Resultate liefern. Der Röhrendurchmesser d folgt einem Potenzgesetz mit $d \propto \Phi^{-0,6}$. Dieses Verhalten unterscheidet sich deutlich von der Vorhersage des Packungsmodels Gl. (24) $d \propto \Phi^{-1}$ und liegt nahe bei der Vorhersage des binären Kontaktmodells, das $d \propto \Phi^{-0,5}$ vorhersagt. Der resultierende Wert des Exponenten a=2,2 ist ebenfalls in guter Übereinstimmung mit typischen rheologischen Resultaten an konzentrierten Polymerlösungen.

Kürzlich hat Boothroyd [28] die Temperaturabhängigkeit der Kuhnschen Länge für Polyethylen mit Hilfe der Neutronenkleinwinkelstreuung bestimmt. Im Temperaturbereich zwischen 100 und 200 °C ergibt sich für den Temperaturkoeffizienten $d \ln C_\infty/dT = -1,1 \times 10^{-3}$ K^{-3}. Über einen experimentell zugänglichen Temperaturbereich von 150 °C kann damit l_K um etwa 20% variiert werden.

Im Temperaturbereich zwischen 400 und 550 K haben wir bei sieben Temperaturen NSE-Spektren an Polyethylenschmelzen aufgenommen. Diese Daten wur-

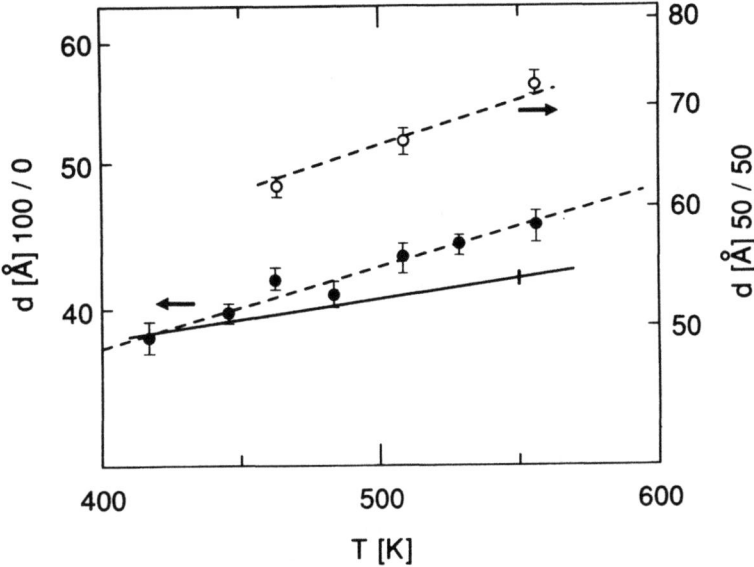

Abb. 22: Temperaturabhängigkeit des Verhakungsabstandes für Polyethylen. ● Φ=1; ○ Φ=0,5. Die gestrichelten Linien geben einen besten Fit der Daten. Die durchgezogene Linie repräsentiert die Vorhersage des Skalenmodells von Graessley und Edwards (siehe Text).

den hinsichtlich des Verhakungsabstandes analysiert. Das Resultat für den temperaturabhängigen Verhakungsabstand d(T) zeigt Abb. 22. Wir beobachten einen Anstieg des Röhrendurchmessers mit wachsender Temperatur von etwa 38 Å auf 44 Å.

Nachdem sowohl die Temperaturabhängigkeit des charakteristischen Verhältnisses als auch diejenige der Dichte bekannt sind, kann mit Hilfe von Gl. (23) die Vorhersage des Skalenmodells für die Temperaturabhängigkeit des Röhrendurchmessers berechnet werden – der Exponent a=2,2 ist aus der Messung der Φ-Abhängigkeit bekannt. Die durchgezogene Linie in Abb. 22 stellt diese Vorhersage des Skalenmodells dar. Der vorhergesagte Temperaturkoeffizient von $0{,}67 \pm 0{,}1 \times 10^{-3}$ K^{-1} unterscheidet sich deutlich vom gemessenen Wert von $1{,}2 \pm 0{,}1 \times 10^{-3}$ K^{-1}. Die Diskrepanz zwischen beiden Werten liegt deutlich außerhalb der Fehlergrenzen. Offenbar ist das Skalenmodell, das lediglich geometrische Zusammenhänge berücksichtigt, nicht in der Lage, gleichzeitig die Abhängigkeiten des Verhakungsabstands von dem Volumenbruch und der Flexibilität zu beschreiben. Dies mag darauf hindeuten, daß möglicherweise neben den rein geometrischen Wechselwirkungen zusätzlich kollektiv dynamische Prozesse für die Formation der Lokalisierungsröhre verantwortlich sind.

Zum Abschluß sei auf ein weiteres ungelöstes Problem hingewiesen. Vergleicht man die Plateaumoduli verschiedener Polymerschmelzen und stellt sie in Zusammenhang mit der Kuhnschen Länge und der Dichte, so läßt sich diese Relation gut mit dem Skalenmodell beschreiben, wenn man einen Exponenten a in der Nähe von 3 wählt [29]. Warum dieser Exponent davon abhängt, ob man die Konturlängendichte durch Verdünnung in konzentrierter Lösung variiert oder durch Wahl verschieden voluminöser Polymerketten verändert, ist unbekannt.

Kommen wir zu einer vierten Bilanz. Skalenmodelle verknüpfen die Entstehung von Verhakungen mit geometrischen Wechselwirkungen zwischen langen Polymerketten, die sich gegenseitig nicht durchschneiden können. Mit Hilfe einer Variation von Temperatur und Konzentration haben wir mit Hilfe der Neutronenspinechospektroskopie die beiden Parameter des Skalenmodells, den lateralen Kettenabstand s und die Kuhnsche Länge l_K variiert. Die konzentrationsabhängigen Messungen sind in Übereinstimmung mit dem binären Kontaktmodell und widersprechen dem Packungsmodell, das andererseits den Vergleich verschiedener Polymerschmelzen gut beschreibt. Die gemeinsame Abhängigkeit des Verhakungsabstandes von der Kuhnschen Länge und dem lateralen Kettenabstand führt zu deutlichen Diskrepanzen zum Skalenmodell.

6. Resümee

Die Viskoelastizität von Polymerschmelzen wird durch die großräumigen Relaxationen der einzelnen Ketten bestimmt. Ihre Raum-Zeitanalyse wird mit Hilfe der Neutronspinechospektroskopie möglich. Die in diesem Beitrag vorgestellten Experimente haben zu folgenden Schlußfolgerungen geführt:

(i) Für kurze Zeiten oder kurze Ketten folgt die Segmentdynamik von Polymerschmelzen und konzentrierten Lösungen der entropiebestimmten Dynamik des Rousemodells. Die Vorhersagen dieses Modells wurden in allen Facetten quantitativ bestätigt.

(ii) Wird die Kettenlänge in einer Polymerschmelze über den Verhakungsabstand hinaus verlängert, so werden die Relaxationsmoden dieser Schmelze verlangsamt, sofern die charakteristische Länge des betreffenden Modes größer ist als die Verhakungsbogenlänge. Dieses Resultat wurde mittels einer Modenanalyse des dynamischen Strukturfaktors erzielt; die mikroskopischen Modenrelaxationsraten führten zu einer quantitativen Übereinstimmung mit makroskopischen Viskositätsmessungen.

(iii) Für lange Polymerketten konnte mittels NSE erstmals der Verhakungsabstand in Polymerschmelzen direkt beobachtet werden. Im Rahmen des Reptationsmodells ergibt sich quantitative Übereinstimmung zwischen den rheologischen und mikroskopisch bestimmten Röhrendurchmessern.

(iv) Wir haben eine geometrische Interpretation der Verhakungen durch Skalengesetze präsentiert. Die Neutronenspinechoexperimente an konzentrierten Lösungen favorisieren das sogenannte binäre Kontaktmodell und weisen auf einen dynamischen Beitrag zur Lokalisationslänge hin.

Referenzen

[1] FERRY, J. D., Viscoelastic Properties of Polymers; Wiley: New York 1980.
[2] ROUSE, P. E., J. Chem. Phys. 1953, 21, 1273.
[3] DE GENNES, P. G., Scaling Concepts in Polymer Physics; Cornell University Press NY 1979.
[4] RICHTER, D., BUTERA, R., FETTERS, L. J., HUANG, J. S., FARAGO, B., EWEN, B., Macromolecules 1992, 25, 6156.
[5] RICHTER, D., FARAGO, B., BUTERA, R., FETTERS, L. J., HUANG, J. S., EWEN, B., Macromolecules 1993, 26, 795.
[6] RICHTER, D., WILLNER, L., ZIRKEL, A., FARAGO, B., FETTERS, L. J., HUANG, J. S., Macromolecules 1994, 27, 7437.
[7] zur Einführung in die Neutronenstreumethode ist zu empfehlen: MARSCHALL, W., LOVESEY, S. W., Theory of Thermal Neutron Scattering, Clarendon: Oxford 1971.
[8] MEZEI, F., Neutron Spin Echo; Lecture Notes in Physics 128, Springer: Berlin 1980.
[9] DE GENNES, P. G., Physics (Long Island City N. Y.) 1967, 3, 37.
[10] RICHTER, D., EWEN, B., FARAGO, B., WAGNER, T., Phys. Rev. Lett. 1989, 62, 2140.
[11] PEARSON, D. S., VER STRATE, G., VON MERWALL, E., SCHILLING, F. C., Macromolecules 1987, 20, 1133.
[12] PEARSON, D. S., FETTERS, L. J., GRAESSLEY, W. W., VER STRATE, G., VON MERWALL, E., Macromolecules 1994, 27, 711.
[13] RICHTER, D., WILLNER, L., ZIRKEL, A., FARAGO, B., FETTERS, L. J., HUANG, J. S., Phys. Rev. Lett. 1993, 71, 4158.
[14] DOI, M., EDWARDS, S. F., The Theory of Polymer Dynamics; Clarendon: Oxford UK 1986.
[15] DE GENNES, P. G., J. Chem. Phys. 1971, 55, 572.
[16] DOI, M., EDWARDS, S. F., J. Chem. Soc. Faraday Trans 2, 1978, 74, 1789; 74, 1802; 1978, 75, 38.
[17] RICHTER, D., FARAGO, B., FETTERS, L. J., HUANG, J. S., EWEN, B., LARTIGUE, C., Phys. Rev. Lett. 1990, 64, 1389.
[18] RONCA, G. J., J. Chem. Phys. 1983, 79, 79.
[19] HESS, W., Macromolecules 1988, 21, 2620.
[20] DE GENNES, P. G., J. Phys. (Paris) 1981, 42, 735.
[21] DES CLOIZEAUX, J., Macromolecules 1990, 23, 4678.
[22] GRAESSLEY, W. W., EDWARDS, S. F., Polymer 1981, 22, 1329.
[23] KAVASSALIS, T., NOOLANDI, J., Macromolecules 1988, 21, 2869.
[24] COLBY, R. H., RUBINSTEIN, M., Macromolecules 1990, 23, 2753.
[25] EDWARDS, S. F., Proc. Phys. Soc. 1967, 92, 9.
[26] DE GENNES, P. G., J. Phys. Lett. 1974, 35, L-133.
[27] LIN, Y. H., Macromolecules 1987, 20, 3080.
[28] BOOTHROYD, A. T., RENNIE, A. R., BOOTHROYD, C. B., Europhysics Lett. 1991, 15, 715.
[29] FETTERS, L. J., LOHSE, D. J., RICHTER, D., WITTEN, T. A., ZIRKEL, A., Macromolecules 1994, 27, 4639.

Diskussion

Herr Wicke: Ich hatte zunächst angenommen, Herr Richter, daß Sie unter Verhakung etwas meinen, was mit dem Ansetzen von Seitenketten oder mit der Inkorporation von polaren Gruppen in die Ketten zu tun hat. Aber ich habe gemerkt, daß Sie unter „Verhaken" etwas ganz anderes meinen. Wann findet ein „Verhaken" statt? In welcher Weise ist das „Verhaken" zu verstehen?

Herr Richter: In meinem Vortrag habe ich unter einer Verhakung folgenden Effekt verstanden: In der Schmelze durchdringen sich die verschiedenen Polymerknäuel mit dem Ergebnis einer starken gegenseitigen Verschlaufung. Diese Verschlaufungen behindern die Kettenbewegung lateral zum Kettenprofil und schränken sie auf eine charakteristische Länge – den Verhakungsabstand – ein. Diese Verhakungsprozesse sind offensichtlich bereits für lange, lineare Polymere universell. Jedes lineare Molekül, wenn es nur lang genug ist, zeigt solche Verhakungseinflüsse.
Was wir uns molekular unter einer solchen Verhakung vorzustellen haben, darüber ist, glaube ich, das letzte Wort noch nicht gesprochen. Wir haben gesehen, daß man diese Verhakungen in Form von Skalenüberlegungen geometrisch interpretieren kann. Aber damit kann man noch nicht sagen, ob nun wirklich ein Knoten zwischen zwei verschiedenen Ketten vorliegt. Dagegen spricht einiges, zum Beispiel die Tatsache, daß diese Ketten sich mehr oder weniger relativ ungestört entlang ihrer Verhakungsröhre bewegen können.
Was nun wirklich molekular vorliegt, ist bisher noch relativ wenig verstanden. Was man zu sehen meint, ist, daß offensichtlich die binären Kontakte zwischen verschiedenen Ketten ausschlaggebend sind. Es ist weniger die Art und Weise, wie die Ketten gepackt sind, sondern wie oft sich verschiedene Ketten gegenseitig berühren. Das macht die Verhakung molekular aus.

Herr Wicke: Die formale Behandlung des Begriffs „Verhakung" hat mich etwas gestört.

Herr Schmidt-Kaler: Sie haben die Entropie sehr einfach definiert: Maschenweite durch k mal T. Das ist überzeugend; aber ich kann mir vorstellen, daß bei gleicher Maschenweite unendlich viele Konfigurationen stattfinden können, so daß die Entropie in den Dimensionen ganz unterschiedlich ausfallen kann.

Herr Richter: Eine Kette führt in einer solchen Polymerschmelze einen Zufallsweg aus, einen Gaußschen Random Walk. Die Verteilungsfunktion ist also eine Gauß-Funktion. Diese Gauß-Funktion beschreibt die Wahrscheinlichkeit, mit welcher eine bestimmte Konformation vorkommt, und die Entropie ist dann der Logarithmus der Wahrscheinlichkeit für eine bestimmte Konformation, die sich aus dieser Gauß-Verteilung berechnen läßt. Diese Gauß-Verteilung enthält also alle unterschiedlichen Konformationen, die es gibt, jeweils mit der entsprechenden Wahrscheinlichkeit.

Herr Jaenicke: Wenn ich es recht verstehe, gehen Sie doch eigentlich davon aus, daß das Rouse-Modell schon dadurch stimmt, daß Sie in Paraffin lösen. Sie haben ja relativ langkettige Paraffine und lösen darin und finden keinen Einfluß dieser Paraffine auf die Eigenschaften. Oder ist das falsch?

Herr Richter: Das ist richtig. Aber das erste Mal, daß das Rouse-Modell gut stimmt, hat man gesehen, wenn man Ketten hat – ich habe ja nicht alle Informationen, die ich dazu habe, gezeigt –, die relativ wenig verhakt sind. Da sehen Sie das erste Mal, daß das Rouse-Modell die Kurzzeitdynamik dieser Ketten in allen Facetten richtig beschreibt.
Die Paraffine beeinflussen die Kettenbewegung nicht. Das ist richtig. Sie wird nur etwas schneller. Sie erzeugen also ein bißchen freies Volumen durch die Paraffine, und das beschleunigt die Kettenbewegung. Aber sonst verändert sich qualitativ im Kurzzeitbereich der Bewegung nichts.

Herr Hornbogen: Der Ausdehnungskoeffizient von orientierten Polymeren ist oft klein oder negativ in Richtung der Molekülachse. Kann das auch mit den Verhakungen zusammenhängen?

Herr Richter: Sie meinen, wenn Sie ein Polymer strecken?

Herr Hornbogen: Ja, und dann thermisch ausdehnen. Ich meine jetzt nicht das Zurückknäulen.

Herr Richter: Der thermische Ausdehnungskoeffizient selbst ist doch zunächst einmal bei Polymeren positiv und groß.

Herr Hornbogen: Aber nicht in Kettenrichtung, weil bei deren Orientierung eine starke Anisotropie entsteht und eventuell sogar ein Schrumpfen in der Richtung der Molekularachse.

Herr Richter: Das sollte eigentlich mit den Verhakungen zunächst einmal nichts zu tun haben. Was schrumpft, ist natürlich in der Regel die Kettendimension als Funktion der Temperatur, weil immer mehr sogenannte gauche-Konformationen entstehen; Konformationen, bei denen die Kette nicht gestreckt ist, sondern sich aus ihrer Richtung heraus bewegt, werden entropisch immer mehr favorisiert. Deswegen schrumpft die Kette mit wachsender Temperatur. Das ist schon eine Folge der Entropie der Kette.

Herr Hornbogen: Aber bei sehr tiefen Temperaturen kann das nicht passieren. Da genügt die thermische Aktivierung nicht.

Herr Richter: Nein, dann passiert das nicht mehr. Da kann das also keine Erklärung sein.

Herr Höcker: Ich darf fragen, Herr Richter, ob man die Verhakungslänge auch durch molecular modelling oder durch andere Berechnungsmethoden bestimmen kann. Oder gelingt das nur über das charakteristische Verhältnis, wie Sie es angedeutet haben?

Herr Richter: Die Resultate des molecular modelling kann man natürlich quantifizieren und man kann tatsächlich aus diesen Rechnungen eine Verhakungslänge extrahieren, und die kann man abbilden auf das, was wir gemessen haben. Es gibt tatsächlich die Möglichkeit einer 1:1-Abbildung der Simulationsergebnisse auf die Dynamik von nicht zu langen Ketten. Das entspricht sich mittlerweile ganz hervorragend. Offensichtlich hat die Computersimulation das schon ganz gut in der Hand. Sie kann allerdings nicht wirklich lange Ketten simulieren. Dazu hat man noch nicht die genügende Computer-Kapazität. Aber Sie sehen das hier qualitativ ganz schön, und das können Sie natürlich quantitativ analysieren.

Herr Höcker: Und strukturell korrelieren?

Herr Richter: Das ist natürlich sehr viel schwieriger. Was Sie hier machen, ist folgendes: Sie nehmen ein einfaches Modell, das heißt ein Polymer, bei dem die Monomere an bestimmten Punkten frei verbunden sind, und dann nehmen Sie nur die Wechselwirkung, die eine gegenseitige Durchdringung verhindert, und das können Sie rechnen. Wenn Sie wirklich Strukturen aufbringen wollen, dann wird

46 Diskussion

das Problem natürlich extrem viel schwieriger, weil Sie dann alle molekularen Wechselwirkungen mitnehmen müssen.

Ich bin da gerade an einem Projekt beteiligt, bei dem wir das mit der Firma Bayer und Herrn Suter (ETH-Zürich) zu machen versuchen, aber da ist man noch nicht so weit, daß man tatsächlich die Verhakungslänge ausrechnen könnte. Das wäre natürlich ein Wunschtraum, denn dann könnte man molekular verstehen, wie sie aus den Wechselwirkungen zustande kommt.

Herr Wicke: Könnte man vielleicht sagen, Herr Richter, daß die Verhakungslänge so etwas wie ein Parameter ist, der dazu dient, die Abweichungen in der Realität von den verschiedenen Modellvorstellungen zu beschreiben?

Herr Richter: Ich würde sagen, das ist mehr. Er beschreibt tatsächlich eine räumliche Einschränkung der Bewegung. Wenn Sie sich dieses Bild anschauen, dann ist die Verhakungslänge so etwas wie der laterale Spielraum für die Ausdehnung der schnellen Polymerbewegung.

Sie sehen, dieses Polymer kann sich lateral eben nur über ungefähr diesen Bereich bewegen. Weitere laterale Auslenkungen sind nicht möglich, weil da die vielen anderen Ketten dieses Polymer in seiner Bewegung so stark behindern, daß es da nicht mehr hin kann. Es kann sich nur entlang dieses Profils bewegen. Die Verhakungslänge wäre also dieser Abstand. Das ist auch das, was das Streuexperiment sieht. Das Streuexperiment sieht aus der systematischen Q-Abhängigkeit der Abweichungen vom Skalenverhalten genau diese Länge.

*Veröffentlichungen
der Nordrhein-Westfälischen Akademie der Wissenschaften*

Neuerscheinungen 1989 bis 1995

Vorträge N Heft Nr.		NATUR-, INGENIEUR- UND WIRTSCHAFTSWISSENSCHAFTEN
366	*Horst Uwe Keller, Katlenburg-Lindau*	Das neue Bild des Planeten Halley – Ergebnisse der Raummissionen
	Ulf von Zahn, Bonn	Wetter in der oberen Atmosphäre (50 bis 120 km Höhe)
367	*Jozef S. Schell, Köln*	Fundamentales Wissen über Struktur und Funktion von Pflanzengenen eröffnet neue Möglichkeiten in der Pflanzenzüchtung
368	*Frank H. Hahn, Cambridge*	Aspects of Monetary Theory
370	*Friedrich Hirzebruch, Bonn*	Codierungstheorie und ihre Beziehung zu Geometrie und Zahlentheorie
	Don Zagier, Bonn	Primzahlen: Theorie und Anwendung
371	*Hartwig Höcker, Aachen*	Architektur von Makromolekülen
372	*János Szentágothai, Budapest*	Modulare Organisation nervöser Zentralorgane, vor allem der Hirnrinde
373	*Rolf Staufenbiel, Aachen*	Transportsysteme der Raumfahrt
	Peter R. Sahm, Aachen	Werkstoffwissenschaften unter Schwerelosigkeit
374	*Karl-Heinz Büchel, Leverkusen*	Die Bedeutung der Produktinnovation in der Chemie am Beispiel der Azol-Antimykotika und -Fungizide
375	*Frank Natterer, Münster*	Mathematische Methoden der Computer-Tomographie
	Rolf W. Günther, Aachen	Das Spiegelbild der Morphe und der Funktion in der Medizin
376	*Wilhelm Stoffel, Köln*	Essentielle makromolekulare Strukturen für die Funktion der Myelinmembran des Zentralnervensystems
377	*Hans Schadewaldt, Düsseldorf*	Betrachtungen zur Medizin in der bildenden Kunst
378	*6. Akademie-Forum*	Arzt und Patient im Spannungsfeld: Natur – technische Möglichkeiten – Rechtsauffassung
	Wolfgang Klages, Aachen	Patient und Technik
	Hans-Erhard Bock, Tübingen, Hans-Ludwig Schreiber, Hannover	Patientenaufklärung und ihre Grenzen
	Herbert Weltrich, Düsseldorf	Ärztliche Behandlungsfehler
	Paul Schölmerich, Mainz Günter Solbach, Aachen	Ärztliches Handeln im Grenzbereich von Leben und Sterben
379	*Hermann Flohn, Bonn*	Treibhauseffekt der Atmosphäre: Neue Fakten und Perspektiven
	Dieter Hans Ehhalt, Jülich	Die Chemie des antarktischen Ozonlochs
380	*Gerd Herziger, Aachen*	Anwendungen und Perspektiven der Lasertechnik
	Manfred Weck, Aachen	Erhöhung der Bearbeitungsgenauigkeit – eine Herausforderung an die Ultrapräzisionstechnik
381	*Wilfried Ruske, Aachen*	Planung, Management, Gestaltung – aktuelle Aufgaben des Stadtbauwesens
382	*Sebastian A. Gerlach, Kiel*	Flußeinträge und Konzentrationen von Phosphor und Stickstoff und das Phytoplankton der Deutschen Bucht
	Karsten Reise, Sylt	Historische Veränderungen in der Ökologie des Wattenmeeres
383	*Lothar Jaenicke, Köln*	Differenzierung und Musterbildung bei einfachen Organismen
	Gerhard W. Roeb, Fritz Führ, Jülich	Kurzlebige Isotope in der Pflanzenphysiologie am Beispiel des ^{11}C-Radiokohlenstoffs
384	*Sigrid Peyerimhoff, Bonn*	Theoretische Untersuchung kleiner Moleküle in angeregten Elektronenzuständen
	Siegfried Matern, Aachen	Konkremente im menschlichen Organismus: Aspekte zur Bildung und Therapie
385	*Parlamentarisches Kolloquium*	Wissenschaft und Politik – Molekulargenetik und Gentechnik in Grundlagenforschung, Medizin und Industrie
386	*Bernd Höfflinger, Stuttgart*	Neuere Entwicklungen der Silizium-Mikroelektronik
387	*János Kertész, Köln*	Tröpfchenmodelle des Flüssig-Gas-Übergangs und ihre Computer-Simulation
388	*Erhard Hornbogen, Bochum*	Legierungen mit Formgedächtnis

389	Otto D. Creutzfeld, Göttingen	Die wissenschaftliche Erforschung des Gehirns: Das Ganze und seine Teile
390	Friedhelm Stangenberg, Bochum	Qualitätssicherung und Dauerhaftigkeit von Stahlbetonbauwerken
391	Helmut Domke, Aachen	Aktive Tragwerke
392	Sir John Eccles, Contra	Neurobiology of Cognitive Learning
393	Klaus Kirchgässner, Stuttgart	Struktur nichtlinearer Wellen – ein Modell für den Übergang zum Chaos
394	Hermann Josef Roth, Tübingen	Das Phänomen der Symmetrie in Natur- und Arzneistoffen
	Rudolf K. Thauer, Marburg	Warum Methan in der Atmosphäre ansteigt. Die Rolle von Archaebakterien
395	Guy Ourisson, Straßburg	Die Hopanoide
	Werner Schreyer, Bochum	Ultra-Hochdruckmetamorphose von Gesteinen als Resultat von tiefer Versenkung kontinentaler Erdkruste
396	Gottfried Bombach, Basel	Zyklen im Ablauf des Wirtschaftsprozesses – Mythos und Realität
	Knut Bleicher, St Gallen	Unternehmungsverfassung und Spitzenorganisation in internationaler Sicht
397	Jean-Michel Grandmont, Paris	Expectations Driven Nonlinear Business Cycles
	Martin Weber, Kiel	Ambiguitätseffekte in experimentellen Märkten
398	Alfred Pühler, Bielefeld	Bakterien–Pflanzen–Interaktion: Analyse des Signalaustausches zwischen den Symbiosepartnern bei der Ausbildung von Luzerneknöllchen
399	Horst Kleinkauf, Berlin	Enzymatische Synthese biologisch aktiver Antibiotikapeptide und immunologisch suppressiver Cyclosporinderivate
	Helmut Sies, Düsseldorf	Reaktive Sauerstoffspezies: Prooxidantien und Antioxidantien in Biologie und Medizin
400	Herbert Gleiter, Saarbrücken	Nanostrukturierte Materialien
	Hans Lüth, Jülich	Halbleiterheterostrukturen: Große Möglichkeiten für die Mikroelektronik und die Grundlagenforschung
401	Gerhard Heimann, Aachen	Medikamentöse Therapie im Kindesalter
	Egon Macher, Münster/Westf.	Die Haut als immunologisch aktives Organ
402	Konstantin-Alexander Hossmann, Köln	Mechanismen der ischämischen Hirnschädigung
	Herrmann M. Bolt, Dortmund	Zur Voraussagbarkeit toxikologischer Wirkungen: Kanzerogenität von Alkenen
403	Volker Weidemann, Kiel	Endstadien der Sternentwicklung
	Alfred Müller, Erlangen	Quantenmechanische Rotationsanregungen in Kristallen
404	Matthias Kreck, Mainz	Positive Krümmung und Topologie
405	Benno Parthier, Halle	Problemfelder der zusammengefügten deutschen Wissenschaftslandschaft
	Erhard Hornbogen, Bochum	Kreislauf der Werkstoffe
406	Hubert Markl, Konstanz, Berlin	Wissenschaftliche Eliten und wissenschaftliche Verantwortung in der industriellen Massengesellschaft
407	Joachim Trümper, Garching	Was der Röntgensatellit ROSAT entdeckte
	Dietrich Neumann, Köln	Ökologische Probleme im Rheinstrom
408	Wilfried Werner, Bonn	Recycling biogener Siedlungsabfälle in der Landwirtschaft
409	Holger W. Jannasch, Woods Hole MA	Neuartige Lebensformen an den Thermalquellen der Tiefsee
410	Hartmut Zabel, Bochum	Epitaxielle Schichten: Neue Strukturen und Phasenübergänge
	Eckart Kneller, Bochum	Der Austauschfeder-Magnet: Ein neues Materialprinzip für Permanentmagnete
411	Brigitte M. Jockusch, Braunschweig	Architekturelemente tierischer Zellen
412	Alfred Fettweis, Bochum	Numerische Integration partieller Differentialgleichungen mit Hilfe diskreter passiver dynamischer Systeme
413	Ernst, Bayer, Tübingen	Theorie und Praxis der Niedertemperaturkonvertierung zur Rezyklisierung von Abfällen
	Hansjörg Sinn, Hamburg	Wertstoff- und Energie-Rückgewinnung aus hochkalorigen Abfallstoffen wie Altreifen und Kunststoff-Schrott
414	Wolfgang Priester, Bonn	Über den Ursprung des Universums: Das Problem der Singularität
415	Wilhelm Stoffel, Köln	Serendipity: Eine neue Glutamat-Neurotransmitter-Transporter-Familie und ihre pathogenetische Bedeutung
416	Dieter Richter, Jülich	Viskoelastizität und mikroskopische Bewegung in dichten Polymersystemen

If you have any concerns about our products,
you can contact us on
ProductSafety@springernature.com

In case Publisher is established outside the EU,
the EU authorized representative is:
**Springer Nature Customer Service Center GmbH
Europaplatz 3, 69115 Heidelberg, Germany**

Printed by Libri Plureos GmbH
in Hamburg, Germany